高等院校计算机系列规划教材

Visual FoxPro 数据库技术及应用实验指导与习题集

曾碧卿　胡绪英　李国伟　主编

李利强　许烁娜　张承忠　危香屏　杨　滨　参编

机械工业出版社

本书是与“Visual FoxPro数据库技术及应用”同步、配套实验指导书。它涵盖了“计算机等级考试二级 Visual FoxPro”考试大纲的全部内容，共分12个章，15个实验，采用模块化的结构，也可与同类 Visual FoxPro 数据库的其他教材配套使用。

本书包括“实验篇”和“习题集”两大部分，主要内容包括：数据库基础，数据运算，数据表的设计与操作，数据库的操作，SQL 结构化查询语言，视图与查询，Visual FoxPro 的程序设计技术，表单、报表、菜单设计技术、系统开发实例。在实验部分有详细的实验指导，习题集部分有参考答案。

本书可作为高等学校 Visual FoxPro 数据库应用及相关课程的教材，也可作为全国计算机等级考试二级 Visual FoxPro 的辅导教材。

图书在版编目（CIP）数据

Visual FoxPro 数据库技术及应用实验指导与习题集 / 曾碧卿，胡绪英，李国伟主编. —北京：机械工业出版社，2009.2

（高等院校计算机系列规划教材）

ISBN 978-7-111-25860-5

Ⅰ.V… Ⅱ.①曾…②胡…③李… Ⅲ.关系数据库－数据库管理系统，Visual FoxPro－高等学校－教学参考资料 Ⅳ. TP311.138

中国版本图书馆 CIP 数据核字（2009）第 014661 号

机械工业出版社（北京市百万庄大街 22 号 邮政编码 100037）
责任编辑：赵 轩
责任印制：杨 曦
北京市朝阳展望印刷厂印刷
2009 年 2 月第 1 版 · 第 1 次印刷
184mm × 260mm · 14 印张 · 342 千字
0001—3000 册
标准书号：ISBN 978-7-111-25860-5
定价：23.00 元

凡购本书，如有缺页，倒页，脱页，由本社发行部调换
销售服务热线电话：（010）68326294 68993821
购书热线电话：（010）88379639 88379641 88379643
编辑热线电话：（010）88379753 88379739
封面无防伪标均为盗版

前言

Visual FoxPro 数据库是目前应用较为广泛的数据库管理系统，也是全国计算机等级考试大纲（二级）中的一个重要模块，它广泛地被高等院校各专业选用。

为了培养创新型、应用型人才，加强对学生进行计算机应用能力的训练，采用“任务驱动式”教学法是一种行之有效的方法，本书为此教学法提供了配套的实验题和上机指导。书中精选了各种类型的实验习题，渗透到每一部分的各个知识点，并达到一定的深度和广度。通过这些实验题的练习，可使读者有效地掌握本书知识，在实践中获得巩固、提高。

本书是与《Visual FoxPro 数据库技术及应用》配套的实验指导书，在内容编排上与该书同步，其内容涵盖了计算机等级考试大纲（二级）。本书的实验是“积木式”的结构，因此也可以与其他同类教科书配合使用。作者强调实践环节和培养学生的应用能力，实验题均是在多年教学实践中总结、精选得到的有代表性的题目。

本书的“上篇”是实验指导篇，共分 12 章，15 个实验，每个实验中含有多个小实验，由教师根据教学层次的不同而选用。对学有余力的读者，最好能全部上机实践。书中每一道题都给出了详细的操作步骤或操作要领。

“下篇”是习题集，内容与各章对应，包括单选、多选及判断题，每一题都提供了参考答案，并对部分题进行简单的说明。

本书主要供高等学校非计算机专业学生开设数据库课程时使用，也可供各类计算机培训班和个人自学使用。书中的实验需要用到的一些基本素材和原始文件、参考答案和样章文件，读者可能从机械工业出版社的教材服务网下载，网址是 www.cmpedu.com。

本书由曾碧卿、胡绪英、李国伟主编，参与编写的教师还有李利强、许烁娜、张承忠、危香屏、杨滨等。

在编写过程中，得到本单位全体老师的支持和帮助，他们提出了许多宝贵意见和建议，在此表示衷心感谢。

由于水平有限，编写时间又较为仓促，书中难免有不当之处，敬请读者批评指正。

编　者

目　录

下篇 习 题 集

上篇　实验指导

第1章　数据库基础

实验目的

- 了解数据库最基本的理论及其相关概念、术语。
- 掌握数据库的分类、优点和特点。
- 通过实例提高对一些容易混淆的概念的判断能力。

实验内容

1．认知数据库的基本概念和名词术语

1）关系：由行和列组成的二维表。

2）元组：表中的一行，记录。

3）属性：表中的一列，字段。

4）域（Domain）：属性（字段）的取值范围，称为该属性的域。

5）关系模式：关系名（属性1,属性2,…,属性n）
或 表名（字段1,字段2,…,字段n）。

6）数据库（DataBase）是存放在计算机外存储器上，以一定的组织方式将相关数据组合而成的集合，它能为多个用户共享。

7）关系数据库（Relational DataBase）是按照关系模型设计的若干关系的集合。一个关系数据库由若干个数据表组成，一个数据表又由若干个记录组成，而每一个记录则由若干个以字段属性加以分类的数据项组成。

8）数据库管理系统（Database Management System，DBMS）。是管理数据库的软件。该系统提供对数据库资源进行统一管理和控制的功能，数据具有独立性；减少了数据的冗余，并有利于数据共享；它提供了安全性和保密性措施，使数据不被破坏和窃用。

9）数据库系统，是指使用了数据库技术后的整个计算机系统，由硬件系统、软件系统、数据库和数据库管理员以及操作人员4个部分组成，为用户提供信息服务的系统。

10）键（关键字或码）：能唯一标识实体的属性集,它可以由一个或多个字段组成。也称候选键（Candidate Key）。在一个给定的关系中，有时存在多个属性，其值都能够唯一标识每一个记录。例如，“学号”是学生实体的关键字。若没有重复的名字，姓名也是候选键。

（1）主键：其值能唯一地标识表中的每一个记录（可以在候选键中选择一个更适合的，作为主键）。表与其他表进行关联时，必须指定主键。

（2）外键：如果A表中的一个字段是另一个表的主键，那么这个字段即称为A表的外键。

2．了解数据库的基本理论

（1）关系模型数据规范化

1）第一范式：在一个关系中，如果关系模式 R 的所有属性值都是不可分的原子值，那么称 R 是第一范式的模式，简记为 1NF。

2）第二范式：若关系模式 R 属于 1NF，并且每一个非主属性都完全函数依赖于 R 的主键，则 R 属于 2NF。

3）第三范式：若关系模式 R 属于 1NF，且每个非主属性都不传递函数依赖于主键，则称 R 属于 3NF。

迄今为止数据规范化的理论已经研究发展到第五范式，但对于一般数据库来说，满足第三范式也就够了。

数据规范化的基本思想是逐步消除数据依赖关系中不合适的部分，使含有不完全函数依赖或传递函数依赖的数学模型的数据达到有效的分离。

（2）数据库管理系统的 3 种数据模型

- 关系模型。
- 层次模型。
- 网状模型。

VFP 数据库管理系统是属于关系模型。

（3）数据表之间的关联

1）一对一关系。即在两个数据表中选一个相同字段作为关联关键字段，把其中一个数据表中的关键字段称为原始关键字段，该字段值是唯一的；而另一个数据表中的关键字段称为外来关键字段，该字段值是唯一的。

2）一对多关系。即在两个数据表中选一个相同的字段作为关联关键字段，把其中一个数据表的关键字段称为原始关键字段，该字段值是唯一的；而把另一个数据表中的关键字段称为外来关键字段，该字段值是重复的。

3）多对多关系。通常是利用两个一对多关系来具体实现的，不过两者之间需要一个中间表。比如，学生和课程是一个多对多关系，通过中间表“学生选课”分别与它们建立一对多关系，从而实现了学生和课程的多对多关系。

（4）数据库系统的三级模式结构

数据库系统包括以下几种模式结构：

1）外模式 External Schema（外视图）。

2）概念模式 Conceptual Schema（概念视图）。

3）内模式 Internal Schema（内视图）。

3．实例测试

（1）单选题

1）下列关于数据库管理系统（DBMS）、数据库系统（DBS）和数据库（DB）之间关系的叙述中，正确的是________。

A．DBMS 包含着 DBS 和 DB

B．DB、DBS 和 DBMS 互不依赖

C. DB 包含着 DBS 和 DBMS

D. DBMS 为 DB 的存在提供了环境和条件

2）关系数据库的 4 个层次结构是________。

A. 属性、元组、关系模式和关系

B. 数据库、数据表、记录和字段

C. 表结构、表记录、字段和属性

D. 字段、记录、自由表和数据库表

3）在关系数据库中，下列操作除________以外，其他都是其基本关系运算。

A. 查询　　B. 投影　　C. 连接　　D. 选择

4）Visual FoxPro 是一种数据库管理系统，其所管理的数据库是基于________建立而成的。

A. 关系模型　B. 网状模型　C. 层次模型　D. 混合模型

5）关系模型是把实体之间的联系用________表示。

A. 图　　B. 树　　C. 二维表　　D. 球体

6）Visual FoxPro 的记录对应于关系中的________。

A. 属性　　B. 元组　　C. 模式　　D. 域

7）Visual FoxPro 属于一种________。

A. 数据库管理系统

B. 数据库系统

C. 数据操作系统

D. 数据库

（2）多选题

数据库系统所支持的传统数据模型有________。

A. 对象　B. 关系　C. 网状　D. 层次　E. 综合

（3）判断题

1）数据库管理系统的英文缩写是 DBMS。

2）主键只能由单个字段组成。

（4）问答题

1）以下几个表（见表 1-1～表 1-3）分别属于第几范式（最多考虑到第三范式）。

表 1-1

学　号	姓　名	数　学	政　治	英　语	计算机
121001	李晓燕	60	80	87	85
121002	邓必勇	81	65	79	67
121003	黄志强	79	83	85	71
121004	李玉青	91	80	87	85
121005	林艳	73	90	68	95

表 1-2 中，学号和课程为主键，宿舍与系有关（系与学号有关）。

表 1-2

学　　号	课　　程	成　　绩	系　　名	宿　　舍
1161001	高等数学	77	计算机	天斋
1161006	科技藏语	80	计算机	天斋
1161006	数学建模	85	计算机	天斋
1162001	C 语言	90	电子	地斋
1162003	高等数学	83	电子	地斋
1163002	C 语言	95	数学	元斋
1163002	科技英语	93	数学	元斋
1163004	数学建模	87	数学	元斋
1164008	汇编语言	68	物理	英斋

表 1-3

学生情况				学生成绩			
学　　号	姓　　名	班　级	总　分	抽考科目	成　绩	学　分	必修或选修
02016021	朱莉莎	1	245	高等数学	82	3	必修
				英语	76	3	必修
				计算机基础	87	2	选修
02026013	高勇博	2	243	高等数学	68	3	必修
				政治	85	2	必修
				多媒体技术	90	3	必修
02036003	张茂强	3	235	电子技术	70	3	必修
				英语	80	3	必修
				计算机基础	85	2	选修

参考答案：

表 1-4

（1）单选题							（2）多选题	（3）判断题	
1)	2)	3)	4)	5)	6)	7)	1)	1)	2)
D	B	A	A	C	B	A	BCD	正确	错误

2）答案

表 1-1 属于第三范式。

表 1-2 属于第一范式。因为它存在着部分依赖（宿舍依赖于学号）和传递依赖（宿舍依赖于系，系依赖于学号）。

表 1-3 不是一个规范化的表，因为它的每个字段不是原子的，是可以再分的。

第 2 章　VisualFoxPro 入门

实验目的

- 掌握 VFP 的安装与卸载。
- 掌握 VFP 的启动和退出。
- 了解 VFP 的用户操作界面和操作方式。

实验内容

1）VFP 的安装与卸载：先将 VFP 从硬盘上卸载，再利用 VFP 6.0 安装盘安装到本机。

2）VFP 的启动：用不同的方法启动 VFP，并认识 VFP 的主窗口，了解 VFP 的菜单栏。

3）退出 VFP 的方法。

4）VFP 默认目录设置：将 VFP 的默认目录设置为 E:\DATA。

5）VFP 有几种操作方式及利弊。

实验指导

1. VFP 的安装与卸载——操作指导

（1）卸载 VFP 的操作步骤

单击“开始”按钮，然后打开“控制面板”；再双击“添加或删除程序”，打开“添加或删除程序”面板，选中需要卸载（删除）的 VFP 程序，单击“更改/删除”按钮，如图 2-1 所示。按照提示步骤，即可完成卸载（删除）VFP 程序的操作。

图 2-1　卸载（删除）VFP 程序

（2）安装 VFP 的操作步骤

1）将 VFP 安装盘插入到驱动器，一般会自动进行安装，如图 2-2 所示。

2）单击“下一步”按钮，出现如 2-3 所示的界面，选中“接受协议”单选按钮。

3）单击“下一步”按钮，出现如 2-4 所示的界面，要求用户输入产品的 ID 号，如果正确，单击“下一步”按钮变为可选状态。

4）单击“下一步”按钮，选择公用安装文件夹的位置，默认安装路径是“C:\Program Files\Microsoft Studio\Common”，用户可单击“浏览”按钮，重新指定路径，如图 2-5 所示。

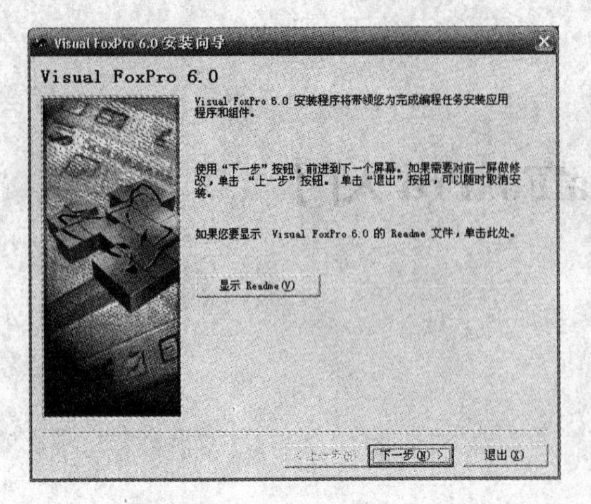

图 2-2　安装 VFP 程序

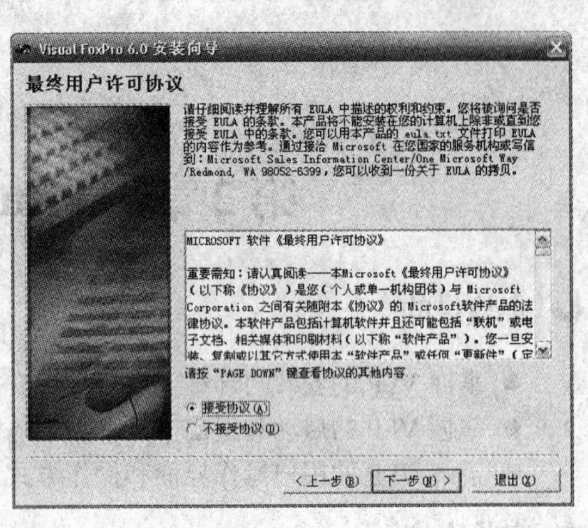

图 2-3　VFP 程序用户许可协议

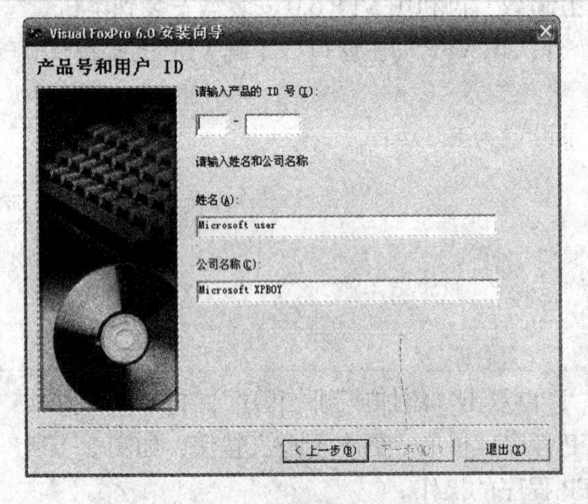

图 2-4　输入产品的 ID 号

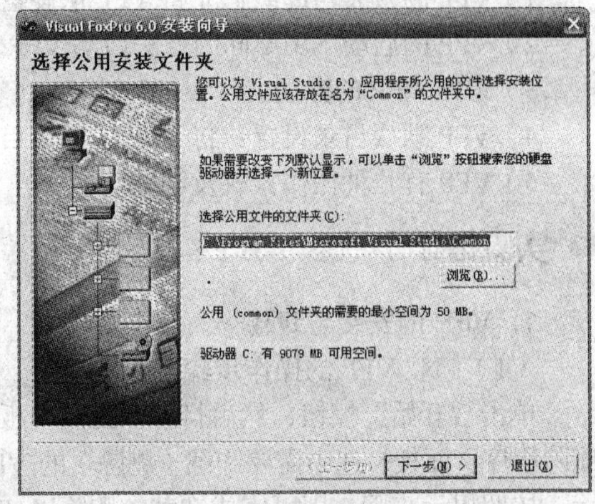

图 2-5　选择安装目标文件夹

5）单击"下一步"按钮，进入 VFP 的安装程序界面，单击"继续"按钮，按提示完成一系列操作，如图 2-6 所示。

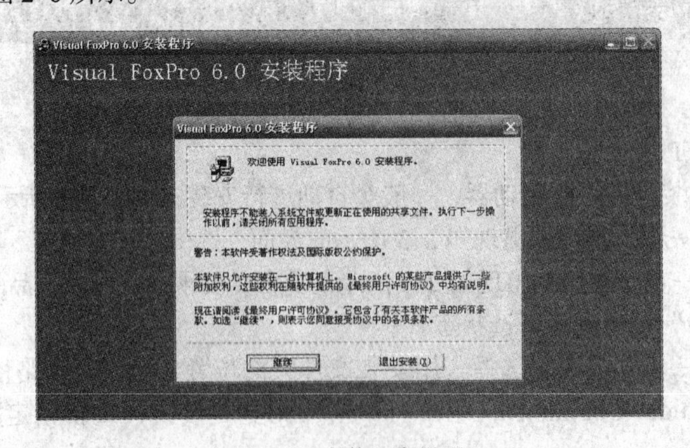

图 2-6　安装程序界面

6）安装结束后，显示安装成功的界面，如图 2-7 所示。单击“确定”按钮完成安装。

图 2-7　安装成功界面

为了节省磁盘空间，一般可以选择不安装 MSDN。

2．VFP 的启动方法及界面——操作指导

（1）VFP 的启动方法

方法一：单击“开始”按钮，选择“程序”→“Microsoft Visual FoxPro 6.0”→“Microsoft Visual FoxPro 6.0”，即可启动 VFP 程序。

方法二：直接双击桌面上的快捷图标 “Microsoft Visual FoxPro 6.0”，即可启动 VFP 程序。

（2）Visual FoxPro 主窗口界面

该界面，即 Visual FoxPro 的工作环境。启动 Visual FoxPro 6.0 后，打开如图 2-8 所示的界面，了解 VFP 的菜单栏。

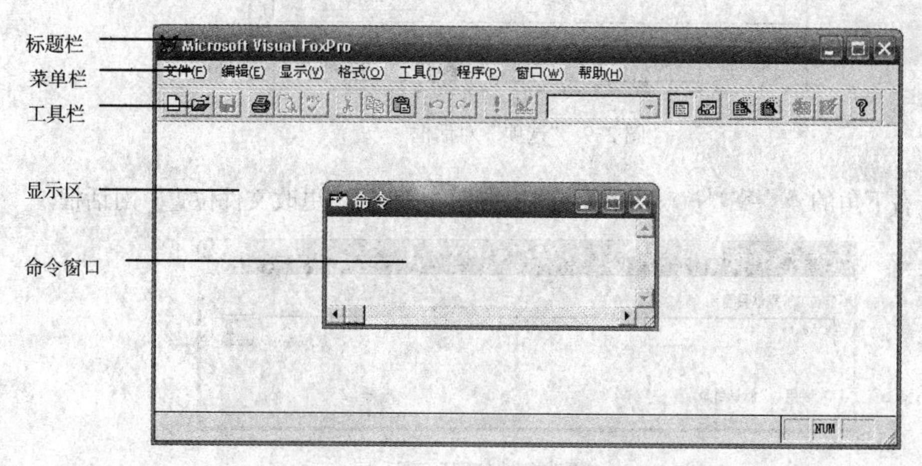

图 2-8　VFP 主窗口界面

3．退出 VFP 的方法——操作指导

退出 VFP 的方法有以下几种。

方法一：单击 VFP 主窗口的关闭按钮。

方法二：在命令窗口中输入 QUIT 命令。

方法三：选择菜单“文件”→“退出”命令。

方法四：双击标题栏左上角的“ ”控制图标。

方法五：单击标题栏左上角的“ ”控制图标，在控制菜单中选择“关闭”命令。

方法六：按〈Alt+F4〉键。

4．VFP 的默认目录设置——操作指导

假设要设置的默认目录为 E:\DATA，在 E 盘根目录下文件夹“DATA”已经存在。

方法一：（推荐此方法）在命令窗口中输入命令为

```
SET DEFAULT TO E:\DATA
```

方法二：使用菜单设置，其操作步骤如下。

1）打开 VFP6 后，选择“工具”→“选项”命令，在弹出的“选项”对话框中，打开“文件位置”选项卡，选择“默认目录”，如图 2-9 所示。

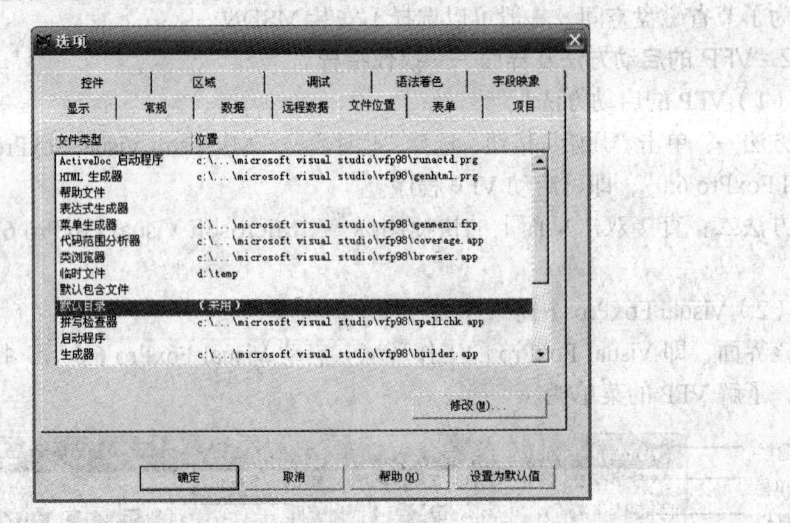

图 2-9 “选项”对话框

2）单击右下角的 修改(M)... 按钮，弹出如图 2-10 的“更改文件位置”对话框。

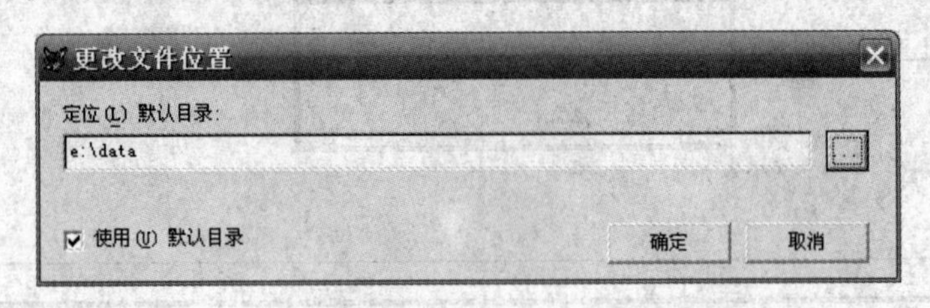

图 2-10 “更改文件位置”对话框

3）选中“使用（U）默认目录”复选框，再单击 按钮，弹出如图 2-11 所示的“选择目录”对话框。在“驱动器”下拉列表中选择 E：盘，在“当前工作目录”中选择“E:\DATA”，单击“选定”按钮，返回“更改文件位置”对话框；单击“确定”按钮，返回“选项”对话框，再单击“确定”按钮完成默认目录的设置，如图 2-12 所示。

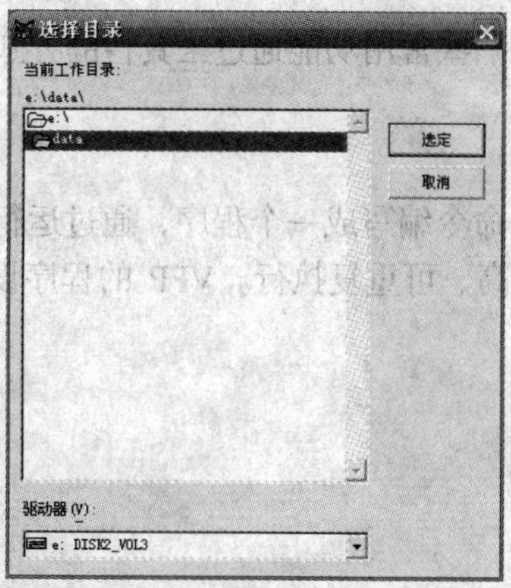

图 2-11 “选择目录”对话框

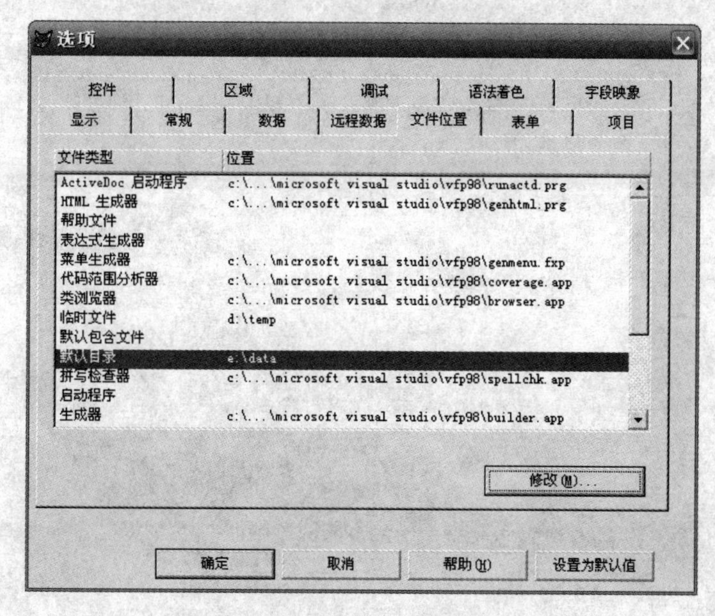

图 2-12 默认目录设置完成

5. VFP 几种操作方式及利弊

（1）交互操作方式

交互操作方式包括命令方式、菜单工作方式和工具操作方式 3 种。

1）命令方式是指在命令窗口中输入命令，按〈Enter〉键，系统立即执行该命令并在显示区中显示结果。使用命令方式为用户提供了一个直接操作的手段，这种方法能够直接使用系统的各种命令和函数，有效地操纵数据库，但需要熟悉命令格式和函数的细节。

2）菜单工作方式是指通过菜单的选择来完成操作。这样用户不需要记忆命令的具体格式，而是按指定要求通过菜单交互来完成操作数据库的目的。其突出的特点是操作简单、直观且容易掌握。

3）工具操作方式是指应用 VFP 系统的许多工具，如设计器、向导和生成器等交互式开发工具。利用这些工具可以非常方便地完成创建表、表单、数据库、查询和报表及管理数据的操作。另外，系统将菜单中一些常用功能通过工具栏的方式放置在屏幕上，单击相应的工具图标，就可以进行操作。

（2）程序执行方式

程序执行方式是指将多条命令编写成一个程序，通过运行这个程序达到操作数据库的目的。其突出的特点是运行效率高、可重复执行。VFP 的程序设计和其他高级语言的程序设计是类似的。

第3章　数据及数据运算

实验目的

- 掌握 VFP 的数据类型。
- 掌握 VFP 的常量、变量和表达式。
- 掌握 VFP 的函数。

实验要求

1）将服务器上的数据源文件夹“data3-1”下载到本地盘如 E:\。

2）打开其中的“实验 3-1 答题文件.doc”文件，边做实验边将各题的操作步骤或所用的命令记录在该文件中。实验完成后将整个文件夹上传到“作业”文件夹中。

实验内容

1．内存变量赋值

1）建立 C、N、D、L、T、Y 这 6 种类型的内存变量，显示各内存变量的值。

2）创建 A（5）和 B（2，2）数组，并给数组赋 4 种以上类型的值。

2．内存变量的显示、保存和清除

1）显示所有的内存变量。

2）显示所有以 A 开头的内存变量。

3）将所有内存变量存入文件 M1.MEM。

4）将所有第一个字符不为 A 的内存变量存入文件 M2.MEM。

5）清除第一个字符不为 A 的内存变量，并检查是否删除。

3．字符和数值函数的使用

根据要求写出函数命令，并记录显示结果。

1）已知 n="567.83"，求数据 567.83 与 356.08 的和。

2）计算“Visual FoxPro 6.0”的长度。

3）利用字符函数，在字符串“北京”和“首都”之间插入 3 个空格。

4）求字符串“城市经济”的子字符串“经济”。

5）将字符串“Visual FoxPro 6.0”中的字母转换为大写字母。

6）将字符串“Visual FoxPro 6.0”中的字母转换为小写字母。

7）将字符串“I am a teacher.　　”中右边的空格去掉。

8）将字符串“　　I am a teacher.”中左边的空格去掉。

9）测试字符串“IS”在字符串“THIS IS A BOOK”中第一次出现的起始位置和第二次出现的起始位置。

10）对 3.1415926 进行四舍五入，保留 4 位小数。

11）求 3.1415926 取整结果。

12）求 10 除以 3 的余数。

4．逻辑、日期时间和数据转换函数的使用

根据要求写出函数命令，并记录显示结果。

1）已知 n=6，m=10，测试 n 是否在 1～10 之间？n 是何数据类型？n 是否小于 m?

2）求系统的日期和时间。

3）求系统的日、月份和年份。

4）求字符串“ABCD”首字符的 ASCII 码数值。

5）求 ASCII 码数值为 88 的字符。

6）把数值 95643.5136 转换为字符。

7）将“3.1415aaa”转换为数值型数据，并证明其类型为数值型数据。

8）将字符串“01/01/2008”转换为日期型数据，并证明其类型为日期型数据。

实验指导

1．内存变量赋值——操作指导

（1）变量的类型

变量是在使用过程中其值可以改变的量，包括字段变量和内存变量两种。字段变量属于数据表文件，随着数据表的打开/关闭而存在/消失；内存变量保存在内存储器中，该变量又可分为用户内存变量和系统内存变量两种，通常情况下的内存变量指的是用户内存变量。有时，还把用户内存变量区别为简单内存变量和数组两种。

内存变量常用的数据类型有数值（N）、字符（C）、日期（D）、逻辑（L）、日期时间（T）和货币（Y）型。

注意：当内存变量名与字段变量名相同时，默认为是字段变量，此时若要引用内存变量，可以在前加上“m.”或“M->”以示区别。

（2）赋值操作步骤

1）在命令窗口中依次输入如下命令：

```
STORE  3.14  TO  Nvarl              &&定义 N 型内存变量 Nvarl，其值为 3.14
STORE  "VFP"  TO  Cvarl             &&定义 C 型内存变量 Cvarl，其值为字符串 " VFP "

Dvarl={^2008/08/08}                 &&定义 D 型内存变量 Dvarl
Lvarl=.F.                           &&定义 L 型内存变量 Lvarl，其值为逻辑假.F.
Tvarl={^2008/08/08 20:00}           &&定义 T 型内存变量 Tvarl
Yvarl=$100.                         &&定义 Y 型内存变量 Yvarl
? Nvarl,Cvarl,Dvarl,Lvarl,Tvarl,Yvarl
```

屏幕显示：

```
3.14  VFP  08/08/08  .F.  08/08/08  08:00:00  PM          100.0000
```

2）在命令窗口中依次输入如下命令：

```
DIMENSION    A(5), B(2,2)              &&定义数组变量A(5)和B(2,2)，(1)=0
A(1)=0
A(2)="ABC"
A(3)=. T.
A(4)={ ^2008/08/08}
A(5)=$100
B(1, 1)=A(1)
B(1, 2)=3.14
B(2, 1)=$100
B(2, 2)=. F.
```

2. 内存变量的显示、保存和清除——操作指导

1）显示所有的内存变量。

2）显示所有以 A 开头的内存变量。

3）将所有内存变量存入文件 M1.MEM。

4）将所有第一个字符不为 A 的内存变量存入文件 M2.MEM。

5）清除第一个字符为 A 的内存变量，并检查是否删除。

操作步骤如下：

在命令窗口中依次输入如下命令：

1）DISPLAY MEMORY

2）DISPLAY MEMORY LIKE A*

3）SAVE TO M1.MEM ALL

4）SAVE TO M2.MEM ALL EXCEPT A*

5）RELEASE ALL LIKE A*

DISPLAY MEMORY LIKE A*

3. 字符和数值函数的使用——操作指导

操作步骤如下：

1）已知 n="567.83"，求数据 567.83 与 356.08 的和。

在命令窗口中输入如下命令：

```
n="567.83"
?356.08+&n
```

屏幕结果：923.91

2）计算字符串“Visual FoxPro 6.0”的长度。

在命令窗口中输入如下命令：

```
?LEN("Visual FoxPro 6.0")
```

屏幕结果：17

3）利用字符函数，在字符串“北京”和“首都”之间插入 3 个空格。

在命令窗口中输入如下命令：

```
?"北京"+SPACE(3)+"首都"
```

屏幕结果：北京　　首都

4）求字符串“城市经济”的子字符串“经济”。

在命令窗口中输入如下命令：

```
?SUBSTR("城市经济",5,4)
```

屏幕结果：经济

5）将字符串“Visual FoxPro 6.0”中的字母转换为大写字母。

在命令窗口中输入如下命令：

```
?UPPER("Visual FoxPro 6.0")
```

屏幕结果：VISUAL FOXPRO 6.0

6）将字符串“Visual FoxPro 6.0”中的字母转换为小写字母。

在命令窗口中输入如下命令：

```
?LOWER("Visual FoxPro 6.0")
```

屏幕结果：visual foxpro 6.0

7）将字符串“I am a teacher.　　”中右边的空格去掉。

在命令窗口中输入如下命令：

```
?TRIM("I am a teacher.     ")          &&删除字符串尾部空格函数 TRIM( )
?RTRIM("I am a teacher.     ")         &&删除字符串右边空格函数 RTRIM( )
```

屏幕结果：I am a teacher.

8）将字符串“　　I am a teacher.”中左边的空格去掉。

在命令窗口中输入如下命令：

```
?LTRIM("     I am a teacher.")
```

屏幕结果：I am a teacher.

9）测试字符串“IS”在字符串“THIS IS A BOOK”中第一次出现的位置和第二次出现的位置。

第一次出现“IS”的位置是在命令窗口中输入如下命令：

```
?AT("IS","THIS IS A BOOK")
```

屏幕结果：3

第二次出现“IS”的位置是在命令窗口中输入如下命令：

```
?AT("IS","THIS IS A BOOK" ,2)
```

屏幕结果：6

10）对 3.1415926 进行四舍五入，保留 4 位小数。

在命令窗口中输入如下命令：

```
?ROUND(3.1415926,4)
```

屏幕结果：3.1416

11）求 3.1415926 取整结果。

在命令窗口中输入如下命令：

```
?INT(3.1415926)
```

屏幕结果：3

12）求 10 除以 3 的余数。

在命令窗口中输入如下命令：

```
?MOD(10,3)
```

屏幕结果：1

4．逻辑、日期时间和数据转换函数的使用——操作指导

1）已知 n=6，m=10，测试 n 是否在 1～10 之间？n 是何数据类型？n 是否小于 m？

在命令窗口中输入如下命令：

```
?n>1 AND n<10                    &&测试 n 是否在 1～10 之间
```

屏幕结果：.T.

```
?TYPE("n")                       &&测试 n 是何数据类型
```

屏幕结果：N

```
? n<m                            &&测试 n 是否小于 m
```

屏幕结果：.T.

2）求系统的日期和时间。

在命令窗口中输入如下命令：

```
? DATE( )
```

屏幕结果：08/05/08

```
? TIME( )
```

屏幕结果：20:00:21

3）求系统的日、月份和年份。

在命令窗口中输入如下命令：

```
? DAY(DATE ( ))                  &&测试系统日期的日
```

屏幕结果：5

```
? MONTH(DATE ( ))                &&测试系统日期的月
```

屏幕结果：8

```
? YEAR(DATE ( ))                    &&测试系统日期的年
```

屏幕结果：2008

4）求字符串“ABCD”首字符的 ASCII 码数值。

在命令窗口中输入如下命令：

```
?ASC("ABCD")
```

屏幕结果：65

5）求 ASCII 码数值为 88 的字符。

在命令窗口中输入如下命令：

```
? CHR(88)
```

屏幕结果：X

6）把数值 95643.5136 转换为字符。

在命令窗口中输入如下命令：

```
? STR(95643.5136)
```

屏幕结果：95644

注意：

格式：STR(<数值表达式 1>[,<数值表达式 2>[,<数值表达式 3>]])

说明：

- <数值型表达式 2>给出转换后的字符串长度，（包括小数点、负号）。如果省略<数值表达式 2>和<数值表达式 3>，其输出结果将取固定长度为 10 位，且只取其整数部分。
- 如果<数值表达式 3>给出小数位数，决定转换后小数点右面的小数位数，默认位数为 0 位。
- 如果<数值表达式 2>的值大于<数值表达式 1>给出值的数字位数时，则在返回的字符串左边添加空格。
- 如果<数值表达式 2>的值小于小数点左边的数字位数，则将返回一串星号，表示数值溢出。

7）把“3.1415aaa”转换为数值型数据，并证明其类型为数值型数据；

在命令窗口中输入如下命令：

```
? VAL("3.1415aaa")
```

屏幕结果：　　3.14

```
? TYPE('VAL("3.1415aaa")')
```

屏幕结果：N

注意：
格式：VAL(<字符表达式>)

说明：

- <字符表达式>的值必须是数字形式的字符串，它只能含有数字、正负号和小数点。
- 转换时，如果遇到非数字形式的字符串，则停止。如果字符型表达式的第一个字符即非数字形式的字符，则转换停止。
- 转换后的小数位数，隐含为两位，可用 SET DECIMAL TO N 去改变。
- 将字符串“01/01/2008”转换为日期型数据，并证明其类型为日期型数据。

在命令窗口中输入如下命令：

```
?CTOD("01/01/2008")
```

屏幕结果：01/01/08

```
?TYPE('CTOD("01/01/2008")')
```

屏幕结果：D

第 4 章　数据表的设计与操作

4.1　数据表的建立

实验目的

- 掌握数据表的建立（新建方式和向导方式）。
- 在数据表中添加记录（如立即方式、浏览方式、命令方式和成批方式）。
- 从外部文件中向数据表添加记录（另一个 DBF 文件、Excel 文件等）。
- 数据表结构的修改与显示。
- 记录的定位与显示。

实验要求

1）将服务器上的数据源文件夹“data4-1”下载到本地盘如 E:\。

2）打开其中的“实验 4-1 答题文件.doc”文件，边做实验边将各题的操作步骤或所用的命令记录在该文件中。实验完成后将整个文件夹上传到“作业”文件夹中。

实验内容

1. 创建新表

（1）本题知识点

1）Microsoft Visual FoxPro 的启动与退出。

2）数据表文件的创建（定义表结构）。

3）数据表数据记录的输入（如立即方式、追加方式和插入方式）。

4）数据表的打开与关闭。

（2）本题数据源 STUDENT.XLS

（3）要求

启动 Microsoft Visual FoxPro 进行如下的操作，并将所使用的命令序列和操作结果写在“4.1　答题文件.doc”中。

1）创建新表“学生信息.dbf”，表结构如表 4-1 所示。

2）在表“学生信息.dbf”中用立即方式输入如表 4-2 所示的前 4 条记录。

3）使用菜单方式，在浏览窗口中输入第 5 条记录的内容。

4）使用 APPEND 命令输入第 7 条记录的内容。

5）使用插入记录的方式输入第 6 条记录的内容。

6）使用 APPEND 命令将“STUDENT.XLS”中的全部数据添加到“学生信息.dbf”表中。

表 4-1 “学生信息”表结构

字段名	类型	宽度	小数位
学号	C（字符型）	8	
姓名	C（字符型）	6	
性别	C（字符型）	2	
出生日期	D（日期型）	8	
个人简历	M（备注型）	4	
照片	G（通用型）	4	

表 4-2 “学生信息”记录

学号	姓名	性别	出生日期
1161001	陶骏	男	1982-8-9
1161002	陈晴	男	1982-3-5
1161003	马大大	男	1983-2-26
1161004	夏小雪	女	1983-12-1
1161005	钟大成	女	1983-9-2
1161006	王晓宁	男	1984-2-9
1161007	魏文鼎	男	1983-11-9
1161008	宋成城	男	1982-7-8
1161009	李文静	女	1983-3-4
1161010	伍宁如	女	1982-9-5

2．备注型字段、通用型字段的录入

（1）本题知识点

1）备注型字段录入与备注文件。

2）通用型字段的录入。

（2）本题数据源

学生信息.dbf。

（3）要求

在 Microsoft Visual FoxPro 中打开“学生信息.DBF”数据表文件，然后进行如下的操作，并将命令序列及显示结果写在“4.1　答题文件.doc”中。

1）在前两条记录中输入个人简历，第一条记录中写上自己的简历，第二条记录中写上好友的简历，并观察是否比原来多了备注文件（.FPT），在已经输入了内容的字段上“memo”首字母是否变大写。

2）在文件夹中任选两张图片，添加到该表中的第 3、4 条记录的“照片”字段。

3．表记录的修改、显示和记录指针定位

（1）本题知识点

1）数据表记录的浏览与显示。

2）记录指针的相对移动和绝对移动。

3）数据表的修改与编辑。

（2）本题数据源

学生.DBF。

（3）要求

在 Microsoft Visual FoxPro 中打开“学生.DBF”数据表文件，然后进行如下的操作，并将命令序列及显示结果写在“4.1　答题文件.doc”中。

1）使用指针的绝对移动命令将记录指针定位到第 3 条记录上，并显示该记录的内容。

2）在上题基础上，使用指针的相对移动命令将记录指针定位到第 5 条记录上，然后显示该记录的内容。

3）在上题基础上，使用指针的相对移动命令将记录指针定位到第 4 条记录上，然后显示该记录的内容。

4）分别用 list/disp 显示数据表的所有记录。

5）显示数据表的所有男同学的信息，不显示记录号。

6）显示数据表的所有女同学的学号和姓名，显示记录号。

7）显示数据表的所有 1982 年以后出生的学生信息。

8）用 list 命令显示表结构。

9）将雷鸣同学的记录中的专业字段修改为“电子”。

4．文件操作

（1）本题知识点

1）数据表文件导入与导出。

2）数据表的复制、删除等操作。

（2）本题数据源

学生.DBF、教师信息表.dbf 和 A 班学生信息.dbf。

（3）要求

1）将“学生.DBF”表中的全部女生记录导出为 excel 表，表名称为“女生.xls”。

2）将“教师信息表.dbf”表复制为另一张数据表，表名称为“教师基本信息.dbf”，该表中仅包括源表中的姓名、性别、出生日期、职称、文化程度和基础工资字段。

3）将“A 班学生信息.dbf”表的结构复制到新表“B 班学生信息.dbf”。

4）关闭所有文件，退出 Microsoft Visual FoxPro。

实验指导

1．创建新表

1）打开表设计器，定义表结构。其操作步骤如下：

① 启动 Microsoft Visual FoxPro。

② 单击“新建”按钮，在弹出的对话框中选择“表”→“新建文件”，如图 4-1 所示。

③ 在弹出的对话框中输入表名称为“学生信息”，单击“保存”按钮。

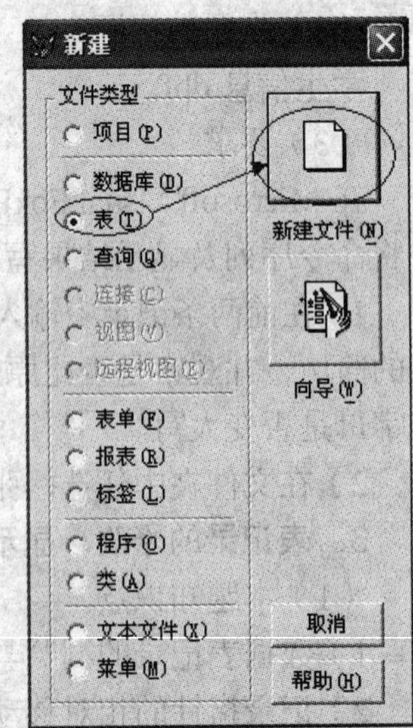

图 4-1　新建数据表文件

④ 在表设计器中分别定义每个字段的名字、类型和宽度、小数位等，如图 4-2 所示。

2）表结构定义完成后，单击“确定”按钮，在弹出的对话框中选择“是”，立即输入表中的前 4 条记录。

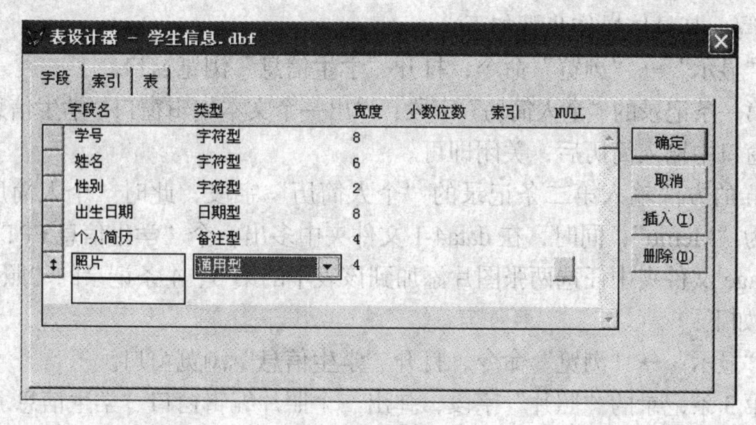

图 4-2 表设计器

3）选择菜单“显示”→“浏览”命令，然后再选择“表”→“追加新记录”命令，输入第 5 条记录的内容。

4）在命令窗口中输入 APPEND 命令，然后输入第 7 条记录的内容。

5）在命令窗口中输入 INSERT BEFORE 命令，然后输入第 6 条记录的内容（或者先输入 GO 5，再输入 INSERT 命令）。

6）使用 APPEND 命令将“STUDENT.XLS”中的全部数据添加到“学生信息.dbf”表中。需要在命令窗口中输入 APPEND FROM student.xls TYPE XLS 命令（注意：如果不写路径，必须保证“学生信息.dbf”表和“student.xls”文件在同一个文件夹中）。

操作完成后的结果如图 4-3 所示。

学生信息

学号	姓名	性别	出生日期	个人简历	照片
1161001	陶骏	男	08/09/82	memo	gen
1161002	陈晴	男	03/05/82	memo	gen
1161003	马大大	男	02/26/83	memo	gen
1161004	夏小雪	女	12/01/83	memo	gen
1161005	钟大成	女	09/02/83	memo	gen
1161006	王晓宁	男	02/09/84	memo	gen
1161007	魏文鼎	男	11/09/83	memo	gen
1161008	宋成城	男	07/08/82	memo	gen
1161009	李文静	女	03/04/83	memo	gen
1161010	伍宁如	女	09/05/82	memo	gen
02011001	陈春燕	男	03/09/82	memo	gen
02011002	陈莉	男	03/02/83	memo	gen
02011003	陈燕	女	12/05/83	memo	gen
02011004	陈婕	女	09/06/83	memo	gen
02011005	董颖贤	男	02/13/84	memo	gen
02011006	杜兴钊	男	11/13/83	memo	gen
02011007	方慧莹	男	07/12/82	memo	gen
02011008	冯崇标	女	03/08/83	memo	gen
02011009	高洁媚	女	09/09/82	memo	gen

图 4-3 “学生信息”记录

2. 备注型字段、通用型字段的录入

1）在前两条记录中输入个人简历，第一个内容写上你自己的简历，第二个写上你的好友的简历，并观察是否比原来多了备注文件（.FPT），在已经输入了内容的字段上“memo”首字母是否变大写。其具体操作步骤如下：

① 选择“显示”→“浏览”命令，打开“学生信息”浏览窗口。

② 双击第一条记录的“个人简历”字段，弹出一个文本编辑窗口“学生信息.个人简历”。

③ 在该窗口中输入简历后，关闭即可。

④ 用同样的方法输入第二条记录的“个人简历”字段，此时“个人简历”字段下的“memo”变为“Memo”；同时，在data4-1文件夹中多出一个“学生信息.FPT”备注文件。

2）在image文件夹中任选两张图片添加到该表中的第3、4条记录的“照片”字段。其具体操作步骤如下：

① 选择“显示”→“浏览”命令，打开“学生信息”浏览窗口。

② 双击第3条记录的“照片”字段，弹出一个照片编辑窗口“学生信息.照片”。

③ 选择“编辑”→“插入对象”命令。

④ 在弹出的对话框中选择“由文件创建”单选按钮，再单击“浏览”按钮，在“image”文件夹中选中所需要的图片，单击“确定”按钮即可，如图4-4所示。

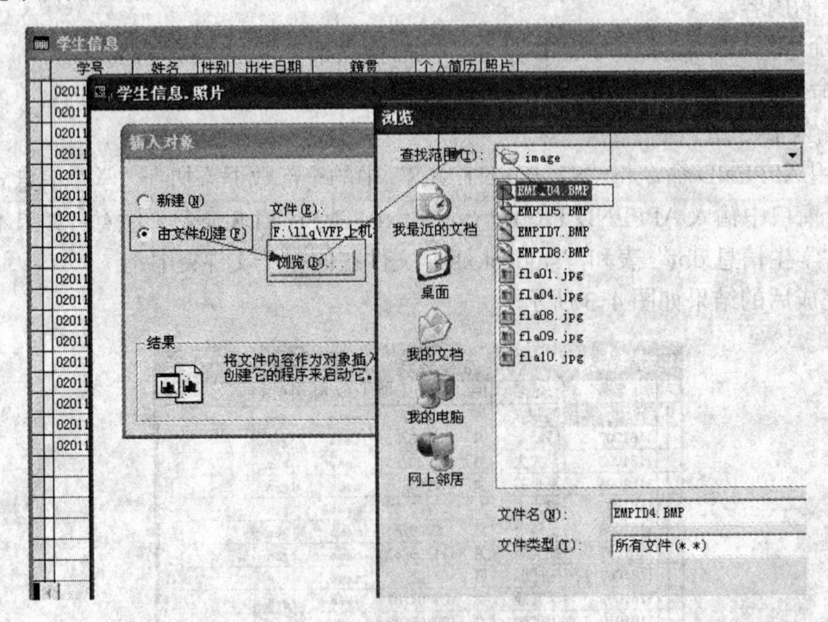

图4-4 通用型字段的录入

注意：如果图片为BMP格式可以正常显示图片，如果图片为GIF、JPG等格式，则只能显示图标和文件名，但并不影响图片的使用。

用同样的方法，输入第4条记录的“照片”字段。

3. 表记录的修改、显示和记录指针定位

在Microsoft Visual FoxPro中打开“学生.DBF”数据表文件，然后进行如下的操作。

1）使用指针的绝对移动命令将记录指针定位到第3条记录上，然后显示该记录的内容。

在命令窗口中输入：

```
go 3          &&或 goto 3 或 3
display       &&或 disp
```

2）在上题基础上，使用指针的相对移动命令将记录指针定位到第 5 条记录上，然后显示该记录的内容。

在命令窗口中输入：

```
skip 2
display
```

3）在上题基础上，使用指针的相对移动命令将记录指针定位到第 4 条记录上，然后显示该记录的内容。

在命令窗口中输入：

```
skip -1
display
```

4）分别用 list/disp 显示数据表的所有记录。观察这两个命令在显示记录中有何不同。

在命令窗口中输入：

```
list
```

在命令窗口中输入：

```
disp all
```

通过观察可以发现，list 命令的默认范围为 all ，disp 的默认范围为当前记录。List 命令一次显示所有记录，disp 命令显示一屏后暂停，用户按任意键后显示第二屏，继续按任意键，直到显示完所有记录。

5）显示数据表的所有男同学的信息，不显示记录号。

在命令窗口中输入：

```
list off for 性别="男"
```

6）显示数据表的所有女同学的学号和姓名，显示记录号。

在命令窗口中输入：

```
list for 性别="女" fields 学号,姓名
```

7）显示数据表的所有 1982 年以后出生的学生信息。

在命令窗口中输入：

```
list for year(出生日期)>=1982
```

8）用 list 命令显示表结构。

在命令窗口中输入：

```
list stru
```

9）将雷鸣同学的记录中的专业字段修改为电子。

在命令窗口中输入：

```
replace 专业="电子" for 姓名="雷鸣"
```

4．文件操作

在 Microsoft Visual FoxPro 中打开“学生.DBF”数据表文件，然后分别进行如下操作。

1）将学生表中的全部女生记录导出为 excel 表，表名称为“女生.xls”。其具体操作步骤如下：

① 选择菜单“文件”→“导出”命令，在导出对话框中选择类型为 Microsoft excel5.0。

② 选择导出文件的存放位置为 data4-1，名称为女生.xls。

③ 单击“选项”按钮，在弹出的“导出选项”对话框中，单击“for”按钮，在弹出的对话框中选择条件为性别="女"；如图 4-5 所示。

④ 单击“确定”按钮，从而完成将 Microsoft Visual FoxPro 表导出为 excel 表的工作。

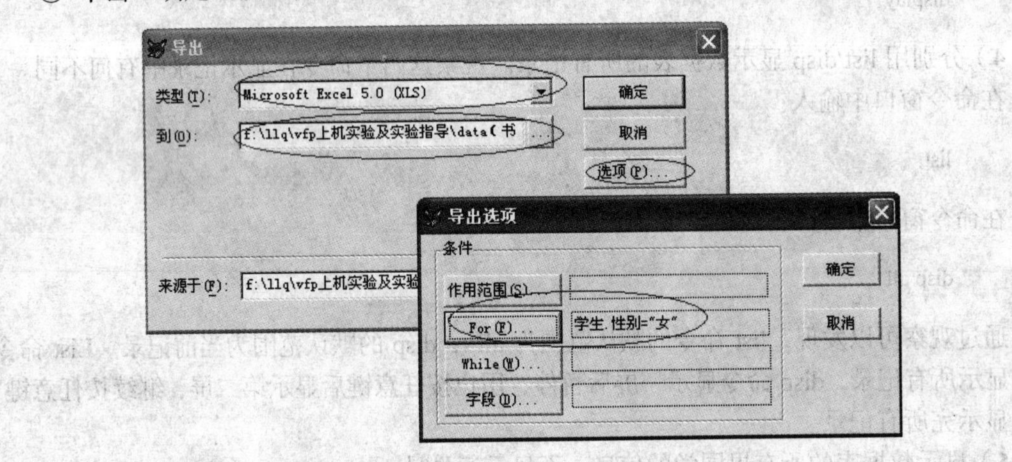

图 4-5 将 Microsoft Visual FoxPro 表导出为 excel 表

2）将“教师信息表.dbf”复制为另一张数据表，表名称为“教师基本信息.dbf”，该表中仅包括源表中的姓名、性别、出生日期、职称、文化程度和基础工资字段。

在命令窗口输入如下命令：

```
use 教师信息表
copy to 教师基本信息 fields 姓名,性别,出生日期,职称,文化程度,基础工资
```

3）将“A 班学生信息.dbf”表的结构复制到新表“B 班学生信息.dbf”。

在命令窗口输入如下命令：

```
use  A 班学生信息
copy structure to B 班学生信息
```

4）关闭所有文件，退出 Microsoft Visual FoxPro。

在命令窗口输入如下命令：

```
Close all
Quit
```

疑难解答

问：有时，用 list|display 显示表记录、表结构为什么看不到显示的内容？

答：此时可能是命令窗口、表浏览窗口或者编辑窗口处于最大化状态，将该窗口关闭或者最小化，即可显示 Microsoft Visual FoxPro 的主窗口。

4.2 数据表的修改、排序和索引文件的建立及使用

实验目的

- 数据表结构的显示和修改。
- 记录的删除（包括逻辑删除和物理删除）。
- 删除记录的恢复。
- 数据表记录的修改。
- 掌握数据表的索引建立、索引查找。

实验要求

1）将服务器上的数据源文件夹“data4-2”下载到本地盘如 E:\。

2）打开其中的“实验 4-2 答题文件.doc”文件，边做实验边将各题的操作步骤或所用的命令记录在该文件中。实验完成后将整个文件夹上传到“作业”文件夹中。

实验内容

1．修改表结构和记录

（1）本题知识点

1）使用表设计器修改表结构。

2）使用命令修改表结构。

3）数据表记录的更新。

（2）本题数据源

A 班成绩表.dbf。

（3）要求

在 Microsoft Visual FoxPro 中打开“A 班成绩表.dbf”数据表文件，然后进行如下的操作，并将命令序列及显示结果写在“4.2　答题文件.doc”中。

1）修改“A 班成绩表.dbf”的表结构，在最后添加“总分”和“平均分”字段，类型和长度分别为 N(3)、N(6，2)。

2）分别使用表设计器命令、list 命令和 disp 命令，查看修改后的“A 班成绩表.dbf”表结构。

3）分别计算出“A 班成绩表.dbf”中“总分”和“平均分”字段的值。

2．记录的删除与恢复

（1）本题知识点

1）记录的逻辑删除。

2）被逻辑删除记录的恢复。

3）记录的物理删除。

（2）本题数据源

学生.dbf。

（3）要求

在 Microsoft Visual FoxPro 中打开“学生.dbf”数据表文件，然后进行如下操作，并将命令序列及显示结果写在“4.2　答题文件.doc”中。

1）将“学生.dbf”表的第 4～14 行之间的男生记录删除，并用 disp 命令显示删除后表的全部内容。

2）在上题基础上，设置 DELETE ON，再显示表记录，观察有何变化。

3）在上题基础上，恢复被删的记录，再显示表记录，观察有何变化。

4）在上题基础上，物理删除第 27 号记录后面的全部记录，再显示表记录。

5）用数据表“学生.dbf”复制一个新的数据表文件“XS.dbf”，打开“XS.dbf”表，显示表记录，然后将它的全部记录物理删除，再显示表记录。

3．数据表的索引建立、索引查找

（1）本题知识点

1）数据表的排序。

2）使用表设计器建立索引。

3）使用命令建立索。

4）记录的逻辑查找与物理查找。

（2）本题数据源

学生.dbf。

（3）要求

在 Microsoft Visual FoxPro 中打开“学生.dbf”数据表文件，然后进行如下的操作，并将命令序列及显示结果写在“4.2　答题文件.doc”中。

1）用命令对所有女同学按“出生日期”字段建立 IDX 索引文件，文件名称为 csrq.idx，并显示记录。

2）用命令对所有的“保险”专业的同学按“性别”和“专业”字段建立索引，文件名称为 xbzy.idx，并显示记录。

3）用命令按“毕业中学”字段建立 CDX 索引，索引标记为 byzx。

4）将广东的学生（注意：包括广州市的学生）按“出生日期”的降序建立 CDX 索引，索引标记为 csrq。

5）用表设计器按“入学成绩”的升序建立索引，并按索引顺序显示记录。

6）用表设计器按“姓氏”的升序建立索引，女生排在前，男生排在后，并按索引顺序显示记录。

7）用 FIND 命令查找“夏小雪”同学，并显示找到的记录内容。

8）用 SEEK 命令查找“计算机”专业，学号为“0761019”的同学，并显示找到的记录。

9）用 locate 命令查找计算机专业姓“马”的同学，并显示查找到的记录。

4．数据工作区

（1）本题知识点

1）数据工作区及数据工作期的概念及使用。

2）使用命令或数据工作期为工作表之间建立临时关系。

（2）本题数据源

学生.dbf、A 班学生信息.dbf、A 班成绩表.dbf 和学生选课.dbf。

（3）要求

启动 Microsoft Visual FoxPro，再进行如下的操作，并将命令序列及显示结果写在“4.2 答题文件.doc”中。

1）选择 1 号工作区，在该工作区中打开“学生.dbf”表，并将该表另命名为 XS。

2）选择 2 号工作区，在该工作区中打开“A 班学生信息.dbf”表。

3）选择 4 号工作区，在该工作区中打开“A 班成绩表.dbf”表。

4）执行 select 0 命令，打开“学生选课.dbf”表。

5）为“A 班学生信息.dbf”表和“A 班成绩表.dbf”表建立临时关系。

5．控制字段和记录的访问

（1）本题知识点

1）使用表属性控制对数据表记录和字段进行访问。

2）使用命令控制对数据表记录和字段进行访问。

（2）本题数据源

A 班学生信息.dbf。

（3）要求

启动 Microsoft Visual FoxPro，再进行如下的操作，并将命令序列及显示结果写在“4.2 答题文件.doc”中。

1）用表属性进行控制，只显示“学生.dbf”表中的学号、姓名和性别。

2）用表属性进行控制，只显示“学生”表中的汉族女学生。

实验指导

1．修改表结构和记录

1）修改“A 班成绩表 dbf”的表结构，在最后添加 “总分”和“平均分”字段，类型和长度分别为 N(3)、N(6,2)。

方法一：使用表设计器修改表结构的步骤如下。

① 启动 Microsoft Visual FoxPro。

② 打开“A 班成绩表.dbf”（注意：一定是“独占”方式打开，否则表结构不能修改）。

③ 选择菜单“显示”→“表设计器”命令，弹出表设计器对话框。增加总分字段，数值型，宽度为 3，小数位为 0；增加平均分字段，数值型，宽度为 6，小数宽度为 2。

方法二：使用 SQL 命令修改表结构的步骤如下。

① 启动 Microsoft Visual FoxPro。

② 在命令窗口中，分别输入如下命令（不需要先打开数据源）。

```
ALTER   TABLE   A班成绩表   ADD   COLUMN   总分  n(3)
ALTER   TABLE   A班成绩表   ADD   COLUMN   平均分  n(6,2)
```

2）分别使用表设计器、list 和 disp 命令查看修改后的“A 班成绩表.dbf”表结构。

在命令窗口依次输入如下命令：

```
use   A班成绩表
list stru             &&(或 disp stru)
或选择菜单“显示”→“表设计器”
```

3）计算出“A 班成绩表”中“总分”和“平均分”字段的值。

在命令窗口依次输入如下命令：

```
Use   A班成绩表
replace  总分  with  数学+英语+政治+计算机应用+电子技术  all
replace  平均分   with  总分/5 all
```

2．记录的删除与恢复

1）将“学生.dbf”表的第 4～14 行之间的男生记录删除，并用 disp 命令显示删除后表的全部内容。

方法一：使用命令实现对表记录的逻辑删除。

在命令窗口输入如下命令：

```
use 学生
go 4
dele next 11 for  性别="男"
```

方法二：在表浏览状态或编辑状态上，用单击删除标记方法实现表记录的删除和恢复。

其具体操作步骤如下：

① 打开“学生.dbf”表，选择菜单“显示”→“浏览”或“编辑”命令。

② 分别单击第 4～14 行之间的男生记录前的删除标记（即记录前的“小方格”），当删除标记变为黑色时，表示该记录已被逻辑删除，如图 4-6 所示。

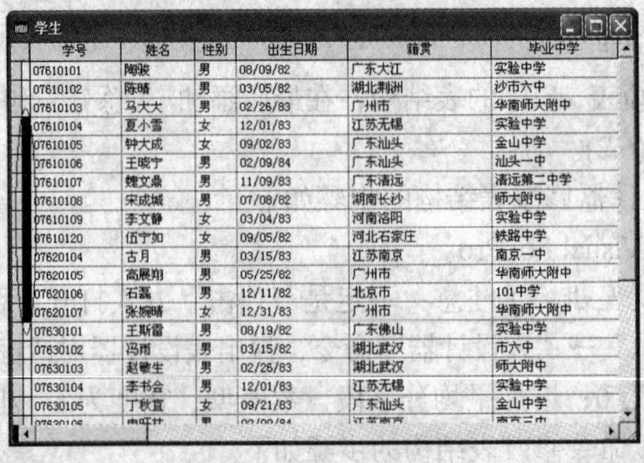

学生

学号	姓名	性别	出生日期	籍贯	毕业中学
07610101	陶骏	男	08/09/82	广东大江	实验中学
07610102	陈晴	男	03/05/82	湖北荆州	沙市六中
07610103	马大大	男	02/26/83	广州市	华南师大附中
07610104	夏小雪	女	12/01/83	江苏无锡	实验中学
07610105	钟大成	女	09/02/83	广东汕头	金山中学
07610106	王晓宁	男	02/09/84	广东汕头	汕头一中
07610107	魏文鼎	男	11/09/83	广东清远	清远第二中学
07610108	宋成城	男	07/08/82	湖南长沙	师大附中
07610109	李文静	女	03/04/83	河南洛阳	实验中学
07610120	伍宁如	女	09/05/82	河北石家庄	铁路中学
07620104	古月	男	03/15/83	江苏南京	南京一中
07620105	高展翔	男	05/25/82	广州市	华南师大附中
07620106	石磊	男	12/11/82	北京市	101中学
07620107	张婉晴	女	12/31/83	广州市	华南师大附中
07630101	王斯雷	男	08/19/82	广东佛山	实验中学
07630102	冯雨	男	03/15/82	湖北武汉	市六中
07630103	赵敏生	男	02/26/83	湖北武汉	师大附中
07630104	李书会	男	12/01/83	江苏无锡	实验中学
07630105	丁秋宜	女	09/21/83	广东汕头	金山中学

图 4-6　逻辑删除记录

方法三：用菜单方式实现表记录的删除和恢复。

其具体操作步骤如下：

① 打开“学生.dbf”表。

② 在命令窗口中输入 Go 4。

③ 选择“显示”→“浏览”或“编辑”命令。

④ 选择“表”→“删除记录”命令，在弹出的删除对话框中，在“作用范围”项中选择 next 11，在“FOR”后面的条件编辑框中输入（或用表达式生成器生成）学生.性别="男"。

⑤ 单击“确定”按钮退出。

⑥ 在命令窗口输入 disp all。

在 Microsoft Visual FoxPro 的主窗口中显示所有被删除记录前面带“*”号。

2）在上题基础上，先设置 DELETE ON，再显示表记录，观察有何变化。

在命令窗口输入如下命令：

```
set dele on
list
&&所有被逻辑删除的记录没有显示
```

3）在上题基础上，先恢复被删记录，再显示表记录，观察有何变化。

在命令窗口输入如下命令：

```
recall all
list
&&所有被逻辑删除的记录被恢复
```

4）在上题基础上，先物理删除从 27 号记录开始的后面的全部记录，再显示表记录。

在命令窗口输入如下命令：

```
go 27
dele rest
pack
list
```

5）用数据表“学生.dbf”复制一个新的数据表文件“XS.dbf”，打开“XS.dbf”表，显示表记录，然后将它的全部记录物理删除，再显示表记录。

在命令窗口依次输入如下命令：

```
use  学生
copy to xs
use xs
list
zap
list
```

3. 数据表的索引建立、索引查找

1）用命令对“学生.dbf”数据表中所有女同学按“入学日期”字段建立 IDX 索引文件，

文件名称为 csrq.idx，并显示记录。

在命令窗口依次输入如下命令：

```
use 学生
Index on 出生日期 to csrq for 性别="女"
brow
```

2）用命令对“学生.dbf”数据表中所有的“保险”专业的同学按“性别”和“专业”字段建立索引，文件名称为 xbzy.idx，并显示记录。

在命令窗口依次输入如下命令：

```
use 学生
index on 性别+专业 to xbzy.for 专业="保险"
brow
```

3）用命令对“学生.dbf”数据表中按“毕业中学”字段建立 CDX 索引，索引标记为 byzx。

在命令窗口依次输入如下命令：

```
Use 学生
Index on 毕业中学 tag byzx
```

4）将广东的学生（注意：包括广州市的学生）按“出生日期”的降序建立 CDX 索引。

在命令窗口依次输入如下命令：

```
Use 学生
Index on 出生日期 tag csrq for left(籍贯,4)= "广东" or left(籍贯,4)= "广州" desc
```

5）用表设计器，按“入学成绩”的升序建立索引，并按索引顺序显示记录。

其具体操作步骤如下:

① 打开“学生.dbf”表。

② 选择“显示”→“表设计器”命令，打开表设计窗口。

③ 选中“入学成绩”字段，单击其后的“索引”项，选择“升序”，单击“确定”按钮退出表设计器窗口。

④ 选择“显示”→“浏览”命令，打开“浏览”窗口。

⑤ 选择“表”→“属性”命令，在弹出的“工作区属性”窗口中单击“索引顺序”右边的小按钮，选择“学生:入学成绩”。

此时，数据表的显示顺序为“入学成绩”的升序。

6）用表设计器，按姓氏的升序建立索引，女生排在前，男生排在后，并按索引顺序显示记录。

其具体操作步骤如下:

① 打开“学生.dbf”表。

② 选择“显示”→“表设计器”命令，打开表设计窗口。

③ 打开“索引”选项卡，在“排序”中选择“升序”，“索引名”中输入 XM，“类型”中选择“普通索引”，单击“表达式”右边的按钮，在弹出的对话框中输入 LEFT(姓名,2)+性

别，单击“确定”按钮退出表设计器窗口。

④ 选择“显示”→“浏览”命令。

⑤ 选择“表”→“属性”命令，在弹出的“工作区属性”窗口中单击“索引顺序”右边的小按钮，选择“学生:XM”。

7）用 FIND 命令查找“夏小雪”同学，并显示找到的记录内容。

在命令窗口输入如下命令：

```
USE 学生
INDEX ON  姓名 TO XM
FIND 夏小雪
DISP
```

查找结果如图 4-7 所示。

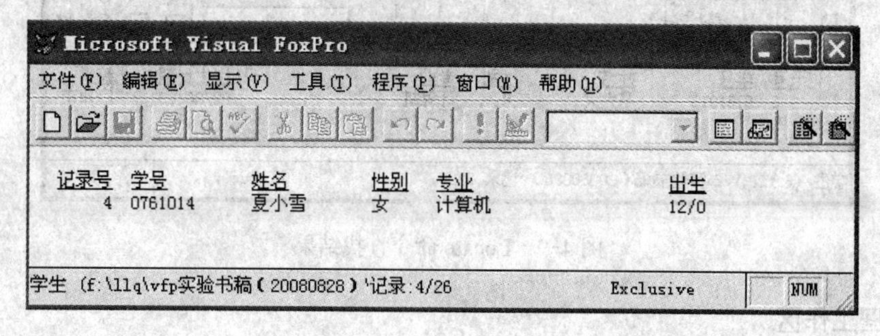

图 4-7　find 命令查找结果

8）用 SEEK 命令查找“计算机”专业，学号为“0761019”的同学，并显示找到的记录。

在命令窗口依次输入如下命令：

```
USE 学生
INDEX ON  学号 TO XH  FOR 专业="计算机"
SEEK "0761019 "
DISP
```

查找结果如图 4-8 所示。

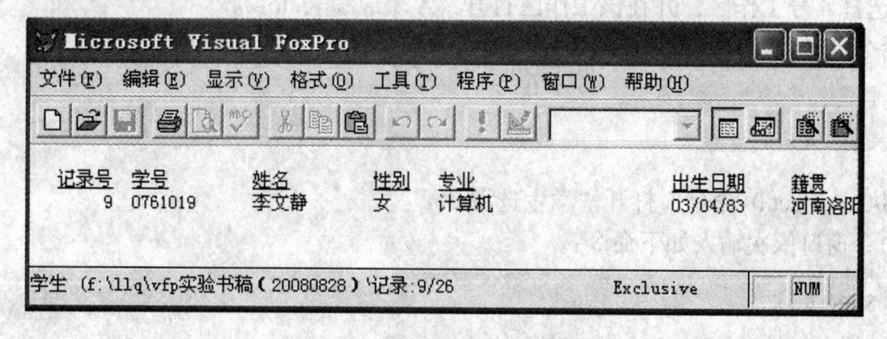

图 4-8　seek 命令查找结果

注意：在“学生.dbf”表结构中，“学号”字段的长度为8位，但实际学号占用长度为7位，在查找学号时应在实际学号后面加一半角的空格补足8位。

9）用locate命令查找计算机专业姓“马”的同学，并显示查找到的记录。

在命令窗口依次输入如下命令：

```
USE 学生
Locate for 姓名="马"  and 专业="计算机"
Disp
```

查找结果如图4-9所示。

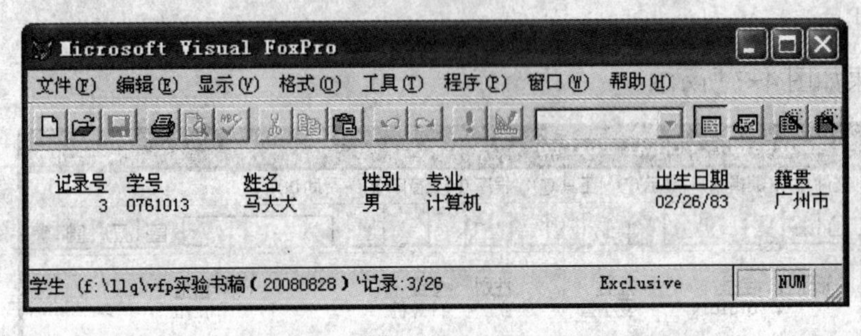

图4-9　Locate命令查找结果

4．数据工作区

1）选择1号工作区，打开“学生.dbf”表，并将该表的别名命名为XS。

在命令窗口依次输入如下命令：

```
Select 1
Use 学生 alias xs
```

2）选择2号工作区，在该工作区打开“A班学生信息.dbf”。

在命令窗口依次输入如下命令：

```
Select 2
Use  A班学生信息
```

3）选择4号工作区，并在该工作区打开“A班成绩表.dbf”。

在命令窗口依次输入如下命令：

```
Select 4
Use  A班成绩表
```

4）执行select 0 命令，打开“学生选课.dbf”。

在命令窗口依次输入如下命令：

```
Select 0
Use 学生选课
```

5）为“A班学生信息.dbf”和“A班成绩表.dbf”建立临时关系。

在命令窗口依次输入如下命令：

```
Select 4
index on 学号 tag  xh
Select 2
index on 学号 tag  xh
set relation  to 学号 into d
```

执行以上操作后查看数据工作期（方法：单击工具栏上的“数据工作期”按钮），可以看到如图 4-10 所示的结果。

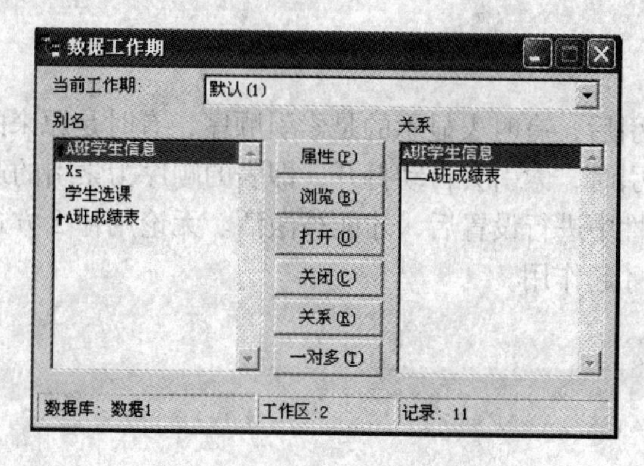

图 4-10　数据工作期窗口

5. 控制字段和记录的访问

1）只显示“学生.dbf”表中的学号、姓名和性别。

其具体操作步骤如下：

① 选择“显示”→“浏览”命令，打开“浏览”窗口。

② 选择“表”→“属性”命令，弹出“工作区属性”窗口。

③ 在“允许访问”选项组中选择“字段筛选指定的字段”。

④ 单击“字段筛选”按钮，进入“字段选择器”窗口。

⑤ 选择字段“学号”、“姓名”和“性别”，如图 4 11 所示。

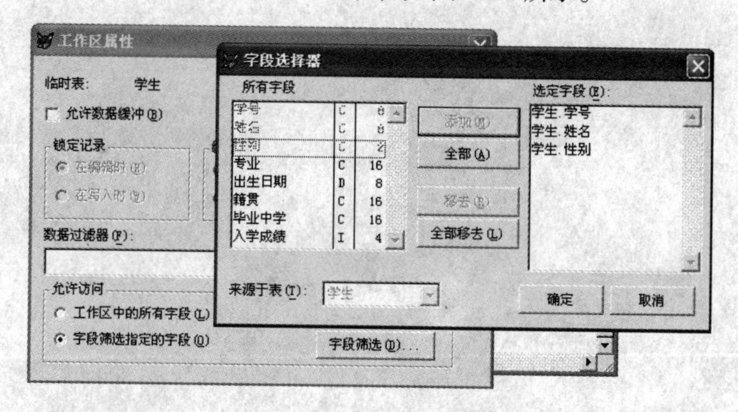

图 4-11　工作区属性设置

⑥ 设置完成后，单击“确定”按钮退出。

2）只显示“学生.dbf”表中的汉族女学生。

其具体操作步骤如下：

① 选择“显示”→“浏览”命令，打开“浏览”窗口。

② 选择“表”→“属性”，弹出“工作区属性”窗口。

③ 选择“数据过滤器”文本框，或者单击“数据过滤器”文本框后面的小按钮。

④ 输入记录的筛选条件：性别="女".AND.民族="汉"；或者用“表达式生成器”生成筛选条件：性别="女".AND.民族="汉"。

⑤ 设置完成后，单击“确定”按钮退出。

疑难解答

问：为什么建立索引后，有时表显示的是索引顺序，有时是原来的物理顺序？

答：用命令建立索引时，索引会自动打开，即表的顺序为索引的逻辑顺序；用表设计器建立的索引只有在表属性中进行设置后，才能被激活。无论用什么方式建立的索引，只有打开（激活）索引，索引才起作用。

第5章　数据库的操作

实验目的

- 创建数据库。
- 在数据库中添加和移去表。
- 数据库中表的设置（字段默认值）。
- 建立表之间的关联。
- 设置字段和记录级有效性规则。

实验要求

1）将服务器上的数据源文件夹“data5-1”下载到本地盘如 E:\。

2）打开“实验 5-1 答题文件.doc”文件，边做实验边将各题的操作步骤或所用的命令记录在该文件中。实验完成后将整个文件夹上传到“作业”文件夹中。

实验内容

1．数据库的建立及数据表的添加与删除

（1）本题知识点

1）数据库的建立。

2）数据库中表的新建、添加、移去和删除。

（2）本题数据源

学生.dbf、A 班学生信息.dbf、A 班成绩表.dbf 和学生选课.dbf。

（3）要求

1）在 E:\data5-1 文件夹中创建数据库 STU。

2）在数据库 STU 中新建两个数据表，表名称为“学生表 1.dbf”和“学生表 2.dbf”，表结构及表记录任意。

3）将 data 文件夹中的表文件“学生.dbf”、“A 班学生信息.dbf”、“A 班成绩表.dbf”和“学生选课.dbf”添加到数据库 STU 中。

4）将“学生表 1.dbf”从数据库中移去，将“学生表 2.dbf”从数据库中删除。

5）为表“学生选课”定义一个长表名称为“学生选课情况表.dbf”。

2．字段有效性及记录有效性的设置

（1）本题知识点

1）字段有效性设置。

2）记录有效性设置。

（2）本题数据源

课程.dbf、A 班学生信息.dbf 和新生登记表.dbf。

（3）要求

1）为“课程.dbf”中的“学分”字段设置默认值为2。有效性规则为学分必须大于等于2小于等于4，有效性说明为“学分必须在2与4之间”。

2）为“A班学生信息.dbf”中的email字段设置字段有效性，有效性规则为email字段中必须含有“@”字符；否则，会提示“email地址格式不对！”。

3）表“新生登记表.dbf”中学号字段值的首4位字符为学生的入学年份信息。为保证每个学生中学号字段的入学年份信息与入学日期字段中的年份信息是相符的，请为“新生登记表.dbf”表设置记录级有效性规则，相应的有效性说明为“入学年份信息不相符”。

4）为数据库中“A班学生信息”中的“性别”字段设置有效性规则为只能输入“男”或“女”，有效性说明输入文字为“性别输入错误！只能输入男或女”；默认值为“男”。

3．数据表之间的关联及参照完整性

（1）本题知识点

1）数据库表之间一对一的关系。

2）数据库表一对多的关系。

3）数据库表之间的参照完整性设置。

（2）本题数据源

A班成绩表.dbf、A班学生信息.dbf、学生.dbf和学生选课.dbf。

（3）要求

1）建立表“A班学生信息.dbf”和“A班成绩表.dbf”之间“一对一”的关系；当“A班学生信息.dbf”中的数据修改时，“A班成绩表.dbf”中相应的数据也做相应修改。

2）建立表“学生.dbf”和“学生选课.dbf”之间“一对多”的关系。

实验指导

1．数据库的建立及数据表的添加与删除

1）在E:\data5-1文件夹中创建数据库STU。

其具体操作步骤如下：

① 选择“新建”→“数据库”命令，再单击“新建文件”按钮。

② 在弹出的“创建”对话框中选择保存位置为E:\data，数据库文件名称为STU。

③ 单击“保存”按钮。

2）在数据库STU中新建两个数据表，表名称为学生表1.dbf、学生表2.dbf，表结构及表记录任意。

其具体操作步骤如下：

① 在数据库设计器的任意空白处右击，在弹出的快捷菜单中选择“新建表”命令（或者在数据库设计器打开的状态下选择菜单“数据库”→“新建表”命令）。

② 在弹出的“新建”对话框中，输入新建表存放位置及新建表名称。

③ 在弹出的“表设计器”对话框中，对表结构进行设置。

④ 输入任意记录，从而完成对新建表的创建。

3）将“学生.dbf”、“A班学生信息.dbf”、“A班成绩表.dbf”和“学生选课.dbf”添加到数据库STU中。

其具体操作步骤如下：

① 打开数据库设计器。

② 在数据库设计器中任意空白处右击，在弹出的快捷菜单中选择“添加表”命令。

③ 双击目标表，依次将指定的表添加到数据库中命令。

④ 或者在数据库设计器打开的状态下选择菜单“数据库”→“添加表”命令。

4）将“学生表 1.dbf”从数据库中移去，将“学生表 2.dbf”从数据库中删除。

其具体操作步骤如下：

① 在数据库设计器中，选中“学生表 1.dbf”并右击，在弹出的快捷菜单中选择“删除”命令。

② 在弹出的对话框中选择“移去”命令。

③ 在数据库设计器中，选中“学生表 2.dbf”并右击，在弹出的快捷菜单中选择“删除”命令。

④ 在弹出的对话框中单击“删除”按钮。

5）为表“学生选课”定义一个长表名称为“学生选课情况表”。

其具体操作步骤如下：

① 在数据库设计器中，双击“学生选课”。

② 选择“显示”→“表设计器”命令。

③ 打开“表”选项卡，在“表名”中输入“学生选课情况表”。

2. 字段有效性及记录有效性的设置

1）为“课程.dbf”中的“学分”字段设置默认值为 2。有效性规则为学分必须大于等于 2 小于等于 4，有效性说明为“学分必须在 2 与 4 之间”。

其具体操作步骤如下：

① 将“课程.dbf”添加到数据库中。

② 在数据库设计器中，选中“课程.dbf”，使其成为当前表。

③ 选择“显示”→“表设计器”命令，打开“表设计器”对话框。

④ 选中“学分”字段，在“字段有效性”选项组中进行设置，如图 5-1 所示。

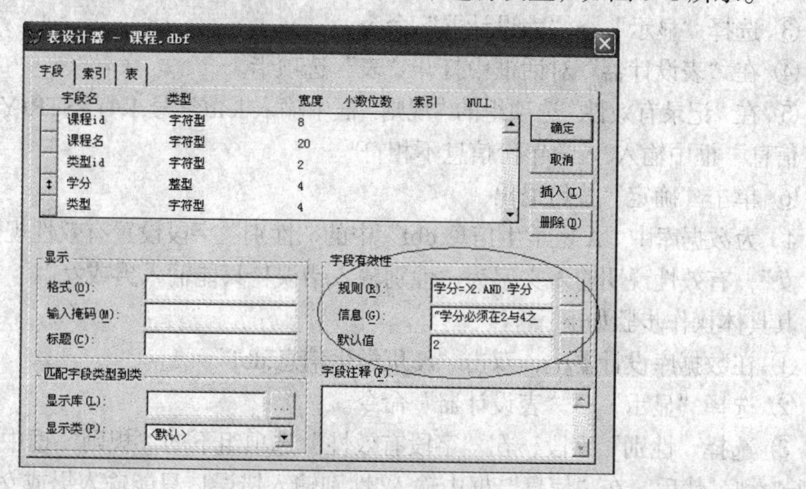

图 5-1 定义字段有效性

⑤ 在“规则”框中输入学分>=2 and 学分<=4（或者单击“规则”后的按钮，在“表达式生成器”中进行设置）；在“信息”框中输入"学分必须在 2 与 4 之间"；在“默认值”框中直接输入 2。

⑥ 单击“确定”按钮退出。

注意：“信息”框中的内容要加半角的引号。

2）为“A 班学生信息.dbf”中的 email 字段设置字段有效性，有效性规则为 email 字段中必须含有“@”字符；否则，会提示“email 地址格式不对！”。

其具体操作步骤如下：

① 将“A 班学生信息.dbf”添加到数据库中。

② 在数据库设计器中，选中“A 班学生信息.dbf”，使其成为当前表。

③ 选择“显示”→“表设计器”命令，选中“email”字段，在的“字段有效性”选项组中进行设置。

④ 在“规则”框中输入 at("@",email)#0（或者单击“规则”后的按钮，在“表达式生成器”中进行设置）；在“信息”框中输入" email 地址格式不对！"。

⑤ 单击“确定”按钮退出。

说明：at 函数的功能是检验第一个参数（子串）是否包含在第二个参数（主串）中。若包含，则返回它在主串中的起址；否则，返回 0。其中“#”为“不等于”，它等价于“<>”和“!=”；本题也可以用包含运算符“$”的方式实现，如输入表达式"@"$email。

3）“新生登记表.dbf”表中学号字段值的首 4 位字符为学生的入学年份信息。为保证每个学生中学号字段的入学年份信息与入学日期字段中的年份信息是相符的，请为“新生登记表.dbf”表设置记录级有效性规则，相应的有效性信息为“入学年份信息不相符”。

其具体操作步骤如下：

① 将“新生登记表.dbf”表添加到数据库中。

② 在数据库设计器中，选中“新生登记表.dbf”，使其成为当前表。

③ 选择“显示”→“表设计器”命令。

④ 在“表设计器”对话框中打开“表”选项卡。

⑤ 在“记录有效性”选项组的“规则”框中输入 left(学号,1,4) =STR(YEAR(入学日期),4)；在“信息”框中输入"入学年份信息不相符"。

⑥ 单击“确定”按钮退出。

4）为数据库中“A 班学生信息.dbf”中的“性别”字段设置有效性规则为只能输入“男”或“女”，有效性说明输入文字为“性别输入错误！只能输入男或女”。

其具体操作步骤如下：

① 在数据库设计器中，双击“A 班学生信息.dbf”。

② 选择“显示”→“表设计器”命令。

③ 选择“性别”字段，在“字段有效性”选项组下的“规则”框中输入性别="男".OR.性别="女"；然后，在“信息”框中输入"性别输入错误！只能输入男或女"。

3．数据表之间的关联及参照完整性

1）建立表“A 班学生信息.dbf”和“A 班成绩表.dbf”之间“一对一”的关系；当“A 班学生信息.dbf”中的数据修改时，“A 班成绩表.dbf”中相应的数据也做相应修改。

其具体操作步骤如下：

① 在数据库设计器中，选中“A 班学生信息.dbf”为当前表。

② 选择“显示”→“表设计器”命令。

③ 选择“学号”字段，在“索引”中选择“升序”，索引“类型”选择“主索引”。

④ 依照上述方法建立“A 班成绩表.dbf”学号索引，在“索引”中选择“升序”，索引“类型”选择“主索引”或“候选索引”。

⑤ 拖动父表（“A 班学生信息.dbf”）的“学号”索引到子表（“A 班成绩表.dbf”）的“学号”索引，此时两表之间有一条直线相连，表示两表之间的“一对一”的关系，如图 5-2 所示。

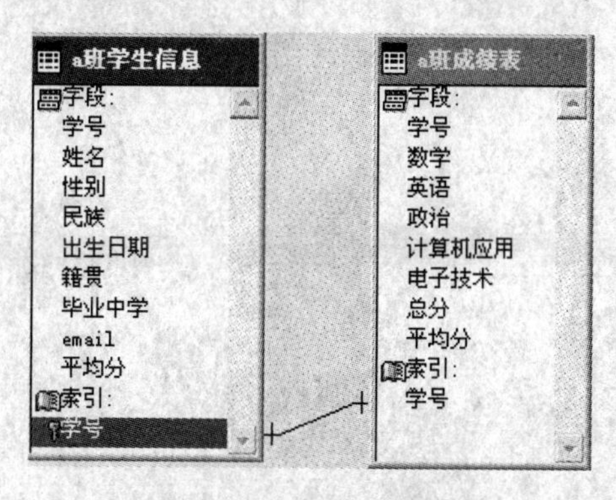

图 5-2　数据表之间的关联

⑥ 选中两表之间的连线并右击，在弹出的快捷菜单中选择“编辑参照完整性”命令（或者选择菜单“数据库”→“编辑参照完整性”命令）。

⑦ 在弹出的“参照完整性生成器”中，打开“更新规则”选项卡，选择“级联”单选按钮，如图 5-3 所示。

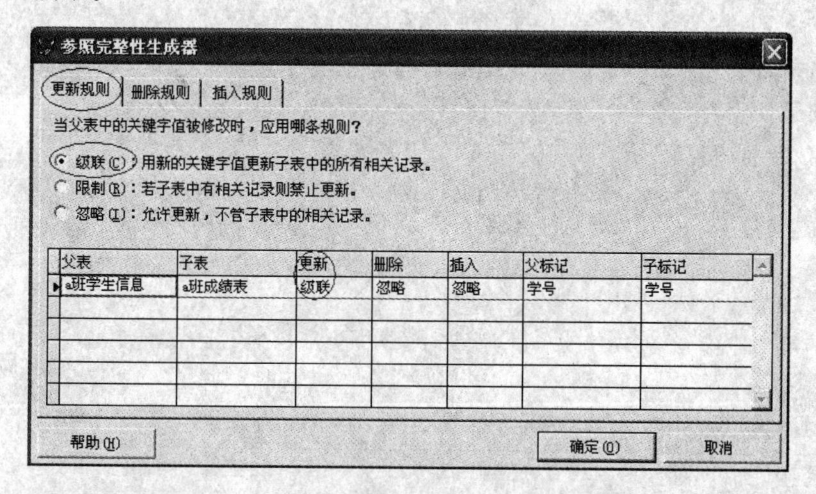

图 5-3　参照完整性设置

⑧ 单击“确定”按钮，从而完成对参照完整性的设置。

注意：一般在编辑参照完整性以前，要先执行“数据库”→“清理数据库”命令。

2）建立表“学生.dbf”和“学生选课.dbf”之间“一对多”的关系。

其操作方法与上题基本相同，不同的是将“一方”数据表“学生.dbf”表以“学号”建立“主索引”，而“多方”数据表“学生选课.dbf”以“学号”建立“普通索引”。

第 6 章　视图与查询

6.1　视图

实验目的

- 掌握视图的创建（涉及一个表和多个表）。
- 掌握带计算字段的视图创建。
- 掌握带参数视图的创建。
- 掌握利用视图修改基表中的数据。

实验要求

1）将服务器上的数据源文件夹“data6-1”下载到本地盘如 E:\。

2）打开“实验 4-1 答题文件.doc”文件，边做实验边将各题的操作步骤或所用的命令记录在该文件中。实验完成后将整个文件夹上传到“作业”文件夹中。

实验内容

1. 视图的创建与修改

（1）本题知识点

1）使用向导创建视图。

2）使用视图设计器创建视图。

3）使用命令创建视图。

（2）本题数据源

学生.dbc 和教师信息表.dbf。

（3）要求

启动 Microsoft Visual FoxPro，再进行如下的操作，并将显示结果和 SQL 语句写在“6.1　答题文件.doc”中。

1）使用本地视图向导为“教师信息表.dbf”表创建视图为“tt1”，并按参加工作的先后排序。其运行结果如图 6-1 所示。

所对应的 SQL 语句：

```
SELECT *;
 FROM 学生!教师信息表;
 ORDER BY 教师信息表.工作日期
```

Tt1_a

序号	姓名	性别	出生日期	职称	电话	文化程度	工作日期	基础工资	婚否
8	王静	女	03/02/43	教授	833030	硕士	07/14/65	1950.00	T
7	王方	男	12/21/45	副教授	832390	本科	07/05/69	1844.30	T
9	伍清宇	男	11/16/56	工程师	833242	本科	01/04/76	1660.00	T
10	许国华	男	08/26/57	副教授	832613	本科	08/21/76	1115.60	T
2	黄浩	男	04/01/61	助理工程师	833698	大专	04/18/82	950.00	T
3	李华	女	11/01/65	副教授	248175	本科	09/11/82	902.90	T
12	朱志诚	男	10/01/63	副教授	832378	本科	07/15/85	972.90	T
6	刘毅然	男	07/01/64	助理工程师	832288	大专	12/19/85	850.00	T
1	陈茂昌	男	09/06/68	高工	832962	大专	03/13/89	950.00	T
4	李晓军	男	07/23/65	讲师	660420	硕士	06/21/89	1531.50	T
5	李元	女	07/01/71	助理工程师	832188	大专	01/05/93	967.96	F
11	张丽君	女	07/26/76	助理实验师	832920	本科	07/31/98	930.30	F

图 6-1　视图“tt1”的运行结果

2）使用视图设计器为“教师信息表.dbf”表创建按“文化程度”分组的视图“tt2”。要求视图中包括各类“文化程度”的总人数。其运行结果如图 6-2 所示。

所对应的 SQL 语句：

```
SELECT 教师信息表.文化程度, COUNT(教师信息表.姓名) as 人数;
 FROM 学生!教师信息表;
 GROUP BY 教师信息表.文化程度
```

3）对自由表“学生.dbf”（不要将此表加入到数据库中）创建视图“tt3”，该视图中包括所有女生的学号、姓名、性别和出生日期等字段，并设置“更新条件”，更新关键字为“学号”，可更新字段为除“学号”外的所有字段；设置“更新条件”，更新字段为“姓名”。然后在该视图中修改其中一个学生的姓名，再关闭视图，返回到表中查看效果。视图运行结果如图 6-3 所示。

Tt2

文化程度	人数
本科	6
大专	4
硕士	2

图 6-2　视图“tt2”的运行结果

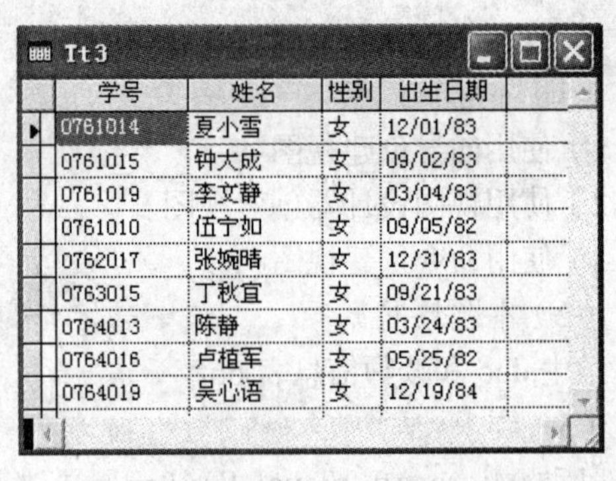
Tt3

学号	姓名	性别	出生日期
0761014	夏小雪	女	12/01/83
0761015	钟大成	女	09/02/83
0761019	李文静	女	03/04/83
0761010	伍宁如	女	09/05/82
0762017	张婉晴	女	12/31/83
0763015	丁秋宜	女	09/21/83
0764013	陈静	女	03/24/83
0764016	卢植军	女	05/25/82
0764019	吴心语	女	12/19/84

图 6-3　视图“tt3”的运行结果

所对应的 SQL 语句：

```
SELECT 学生.学号, 学生.姓名, 学生.性别, 学生.出生日期;
 FROM 学生;
 WHERE 学生.性别 = "女"
```

2．多表视图的创建

（1）本题知识点

1）使用视图设计器创建多表视图。

2）用向导创建多表视图。

（2）本题数据源

“A 班学生信息.dbf”和“A 班成绩表.dbf”。

（3）要求

启动 Microsoft Visual FoxPro，再进行如下的操作，并将显示结果和 SQL 语句写在“实验 6-1 答题文件.doc”中。

1）以“A 班学生信息.dbf”和“A 班成绩表.dbf”为数据源创建多表视图为“tt4”，内容包括性别及男女生各门课的平均成绩。其视图运行结果如图 6-4 所示。

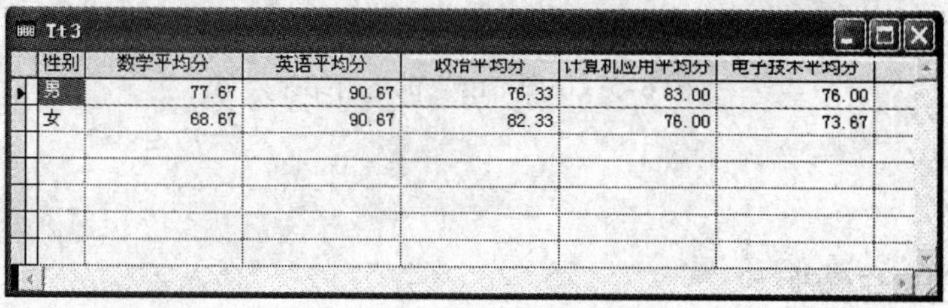

Tt3

性别	数学平均分	英语平均分	政治平均分	计算机应用平均分	电子技术平均分
男	77.67	90.67	76.33	83.00	76.00
女	68.67	90.67	82.33	76.00	73.67

图 6-4　视图“tt4”的运行结果

所对应的 SQL 语句：

```
SELECT A 班学生信息.性别, AVG(A 班成绩表.数学) as 数学平均分,;
  AVG(A 班成绩表.英语) as 英语平均分, AVG(A 班成绩表.政治) as 政治平均分,;
  AVG(A 班成绩表.计算机应用) as 计算机应用平均分,;
  AVG(A 班成绩表.电子技术) as 电子技术平均分;
  FROM  a 班成绩表 INNER JOIN a 班学生信息 ;
   ON  A 班成绩表.学号 = A 班学生信息.学号;
 GROUP BY A 班学生信息.性别
```

3．带参数视图的创建

（1）本题知识点

1）使用视图设计器创建带参数的视图。

2）使用视图设计器修改视图。

（2）本题数据源

“教师信息表.dbf”。

（3）要求

启动 Microsoft Visual FoxPro，再进行如下的操作，并将显示结果和 SQL 语句写在“实验 6-1 答题文件.doc”中。

1）为“教师信息表.dbf”创建带参数的视图“tt5”，要求能按用户输入的“文化程度”显示所有满足该文件程度的职工的“姓名”、“性别”、“职称”、“文化程度”和“婚否”等字段。当输入“文化程度”为“本科”时，其运行结果如图 6-5 所示。

所对应的 SQL 语句：

```
SELECT 教师信息表.姓名, 教师信息表.性别, 教师信息表.职称,;
  教师信息表.文化程度, 教师信息表.婚否;
 FROM 学生!教师信息表;
```

WHERE 教师信息表.文化程度 = ?文化程度

Tt5

姓名	性别	职称	文化程度	婚否
李华	女	副教授	本科	T
王方	男	副教授	本科	T
伍清宇	男	工程师	本科	T
许国华	男	副教授	本科	T
张丽君	女	助理实验师	本科	F
朱志诚	男	副教授	本科	T

图 6–5 视图“tt5”的运行结果

实验指导

1. 视图的创建与修改

1）使用本地视图向导为“教师信息表.dbf”表创建视图为“tt1”，并按参加工作的先后排序。

其具体操作步骤如下：

① 打开数据库“学生.dbc”，将“教师信息表.dbf”添加到该数据库中。

② 选择菜单“文件”→“新建”→“视图”→“向导”（或者选择“数据库”→“新建本地视图”→“向导”）命令，弹出“本地视图向导”对话框。

③ 选中“教师信息表.dbf”，选择需要的字段，本题为全部字段，如图 6–6 所示。

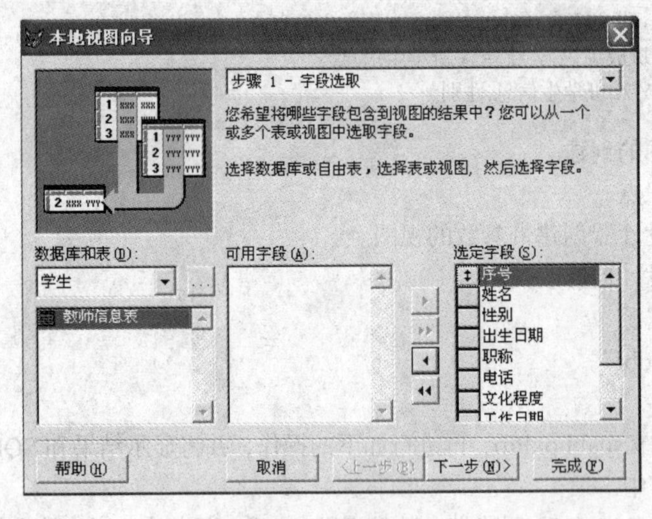

图 6–6 选择字段

④ 单击“下一步”按钮，筛选符合条件的记录，本题为所有记录，如图 6–7 所示。

⑤ 单击“下一步”按钮，选择排序字段和排序方式，本题的排序字段为“工作日期”，排序方式为“升序”，如图 6–8 所示。

⑥ 单击“下一步”按钮，限制记录如图 6–9 所示。本步是对符合条件的记录个数（或百分比）再做限制，本题未要求。

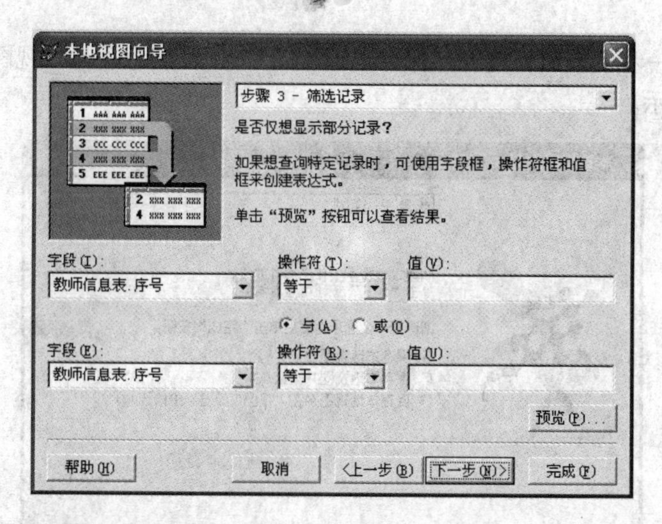

图 6-7　筛选记录

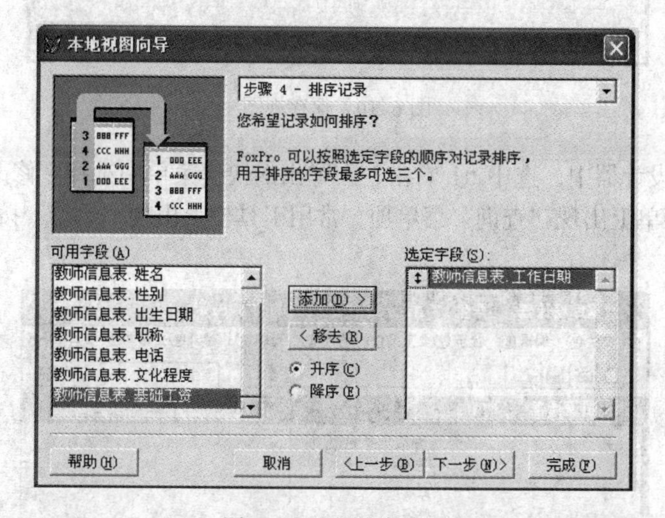

图 6-8　选择排序字段

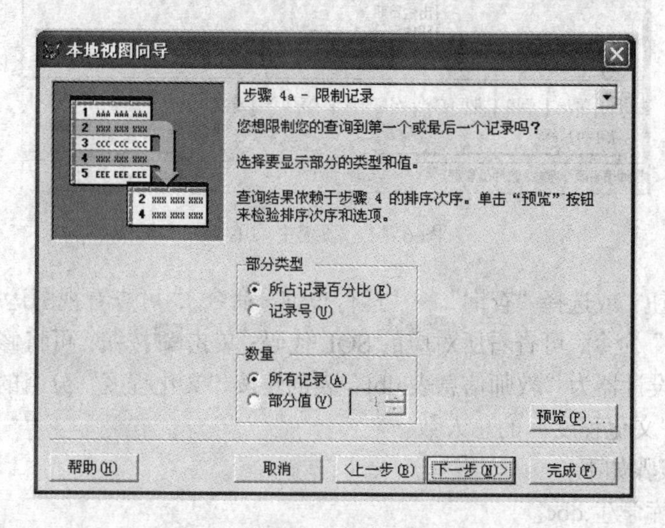

图 6-9　限制记录

⑦ 单击“下一步”按钮，选择“保存本地视图”，预览满意后输入视图名称 tt1，确认退出，如图 6-10 所示。

图 6-10　保存视图

⑧ 在数据库设计器中，选中 tt1 右击，在弹出的快捷菜单中选择“修改”打开视图设计器，此时系统主菜单上出现“查询”菜单项，常用工具栏上出现“运行”按钮 ! ，如图 6-11 所示。

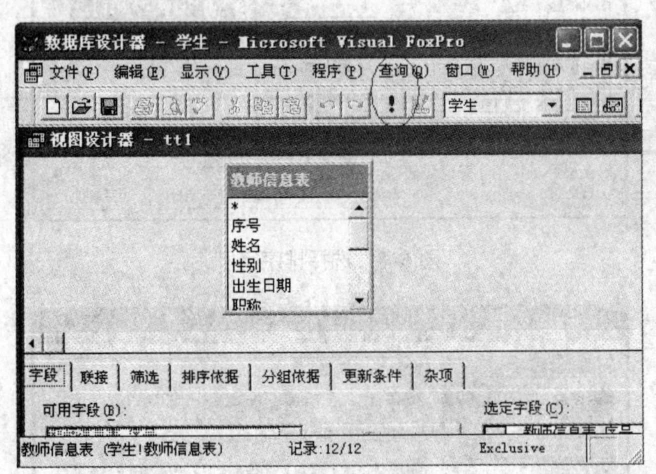

图 6-11　系统主菜单

⑨ 单击 ! 按钮（或选择“查询”→“运行查询”命令），可查看视图运行结果；选择“查询”→“查看 SQL”命令，可查看所对应的 SQL 代码；单击保存按钮，可将修改后的视图保存。

2）使用视图设计器为“教师信息表.dbf”表创建按“文化程度”分组的视图“tt2”。要求视图中包括各类“文化程度”的总人数。

其具体操作步骤如下：

① 打开数据库学生.dbc。

② 选择“文件”→“新建”→“视图”→“新建文件”（或者选择“数据库”→“新建本

地视图”→“新建文件”）命令；在弹出的“添加表或视图”对话框中选择“教师信息表”。

③ 打开“字段”选项卡，先选择“文化程度”字段；然后单击“函数和表达式”右边的小按钮，弹出“表达式生成器”对话框，如图 6-12 所示。

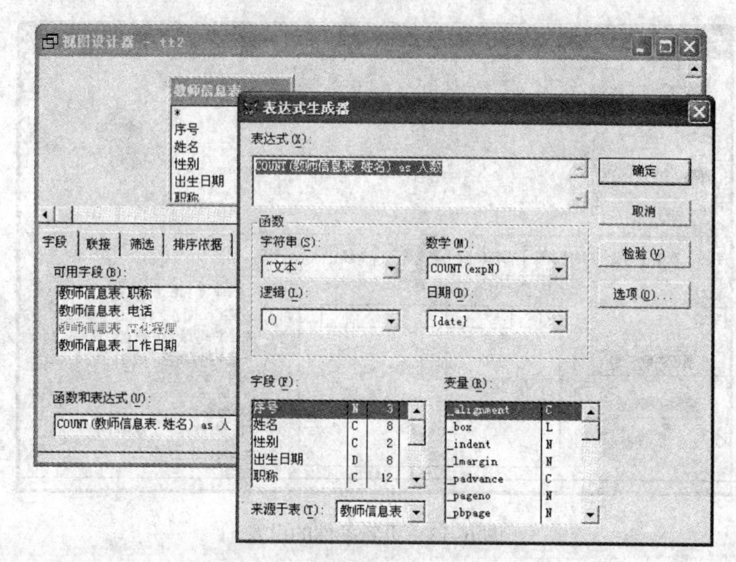

图 6-12　表达式生成器

④ 在“表达式”编辑框中输入 COUNT(教师信息表.姓名) as 人数，单击“确定”按钮退出表达式生成器对话框，回到视图设计器。

⑤ 单击“添加”按钮，将“COUNT(教师信息表.姓名) as 人数”作为一个字段添加到视图中。

⑥ 打开“分组依据”选项卡，将“文化程度”作为分组字段。

⑦ 本题对“连接”、“筛选”、“排序依据”、“更新条件”和“杂项”等选项卡未做要求，可以不做任何设置。

⑧ 单击按钮（或选择“文件”→“保存”命令），将该视图保存为 tt2。

⑨ 单击 ! 按钮（或选择“查询”→“运行查询”命令），可查看视图运行结果；选择“查询”→“查看 SQL”，可查看所对应的 SQL 代码。

3）对自由表“学生.DBF”（不要将此表加入到数据库中）创建视图“tt3”，该视图中包括所有女生的学号、姓名、性别和出生日期等字段，并设置“更新条件”，更新关键字为“学号”，可更新字段为除“学号”外的所有字段；然后在该视图中修改其中一个学生的姓名，再关闭视图，返回到表中查看效果。

其具体操作步骤如下：

① 打开数据库“学生.dbc”。

② 选择“文件”→“新建”→“视图”→“新建文件”（或者选择“数据库”→“新建本地视图”→“新建文件”）命令。

③ 在弹出的“添加表或视图”对话框中，选择“选定”类型为“表”，单击“其他”按钮，添加所需要的表“学生.dbf”，然后关闭该对话框。

④ 打开“字段”选项卡，选择所需要的字段学号、姓名、性别和出生日期。

⑤ 打开“筛选”选项卡，设置“学生.性别=女”。

⑥ 打开“更新条件”选项卡，选中“学号”字段为更新关键字，选中“姓名”、“性别”和“出生日期”为可更新字段，并选中“发送 SQL 更新”复选框，如图 6-13 所示。

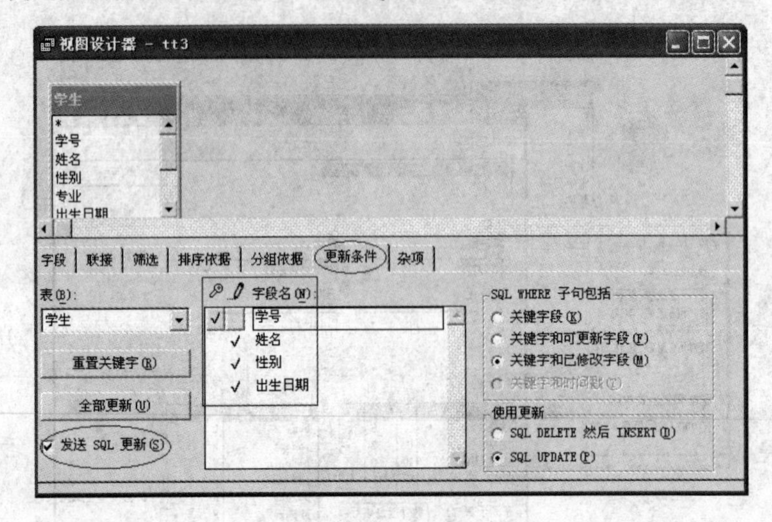

图 6-13　更新条件的设置

⑦ 本题对其他选项卡未做要求，可按默认值设置。

⑧ 单击保存按钮（或选择“文件”→“保存”命令），将该视图保存为 tt3。

⑨ 单击 ! 按钮（或选择“查询”→“运行查询”命令），可查看视图运行结果；选择“查询”→“查看 SQL”，可查看所对应的 SQL 代码。

⑩ 在 tt3 的浏览状态下修改某条记录的“姓名”字段，如将“陈静”改为“陈晓静”，打开“学生.dbf”会发现对应的信息得到了相应修改。

2．多表视图的创建

1）以“A 班学生信息.dbf”和“A 班成绩表.dbf”为数据源创建多表视图“tt4”，内容包括性别及男女生各门课的平均成绩。

其具体操作步骤如下：

① 打开数据库学生.dbc。

② 选择“文件”→“新建”→“视图”→“新建文件”（或者选择“数据库”→“新建本地视图”→“新建文件”）命令，弹出“视图设计器”对话框。

③ 分别将“A 班学生信息.dbf”和“A 班成绩表.dbf”添加到视图设计器中，两表自动以“学号”建立连接。

④ 打开“字段”选项卡，添加“性别”字段，并用“表达式生成器”分别生成“AVG(A 班成绩表.数学) as 数学平均分”、“AVG(A 班成绩表.英语) as 英语平均分”、“AVG(A 班成绩表.政治) as 政治平均分”、“AVG(A 班成绩表.计算机应用) as 计算机应用平均分”、“AVG(A 班成绩表.电子技术) as 电子技术平均分”字段。

⑤ 打开“连接”选项卡，可看到自动生成的连接条件为 A 班学生信息.学号=A 班成绩表.学号，连接类型为 inner join，如图 6-14 所示。

⑥ 打开“分组依据”选项卡，将“性别”作为分组字段；本题对“筛选”、“排序依据”、

“更新条件”和“杂项”等选项卡未做要求，可以不做任何设置。

⑦ 单击按钮（或选择“文件”→“保存”命令），将该视图保存为tt4。

⑧ 单击按钮（或选择“查询”→“运行查询”命令），可查看视图运行结果；选择“查询”→“查看SQL”，可查看所对应的SQL代码。

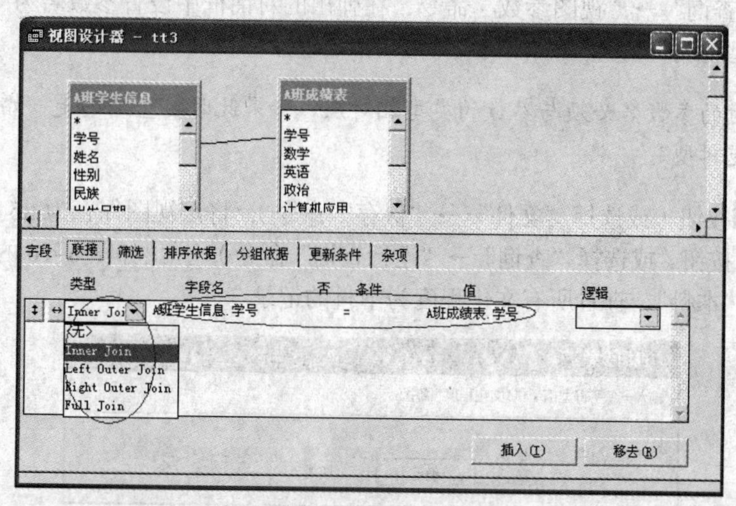

图6-14　视图的连接

3．带参数视图的创建

为“教师信息表.dbf”创建带参数的视图“tt5”，要求能按用户输入的“文化程度”显示所有满足该文件程度的职工“姓名”、“性别”、“职称”、“文化程度”和“婚否”等字段。

其具体操作步骤如下：

① 打开数据库“学生.dbc”，在视图设计器中添加“教师信息表.dbf”。

② 打开“字段”选项卡，将“姓名”、“性别”、“职称”、“文化程度”和“婚否”添加到选中字段中。

③ 打开“筛选”选项卡，设置筛选字段名为“文化程度”，筛选条件为“=”，实例为“?文化程度”，如图6-15所示。

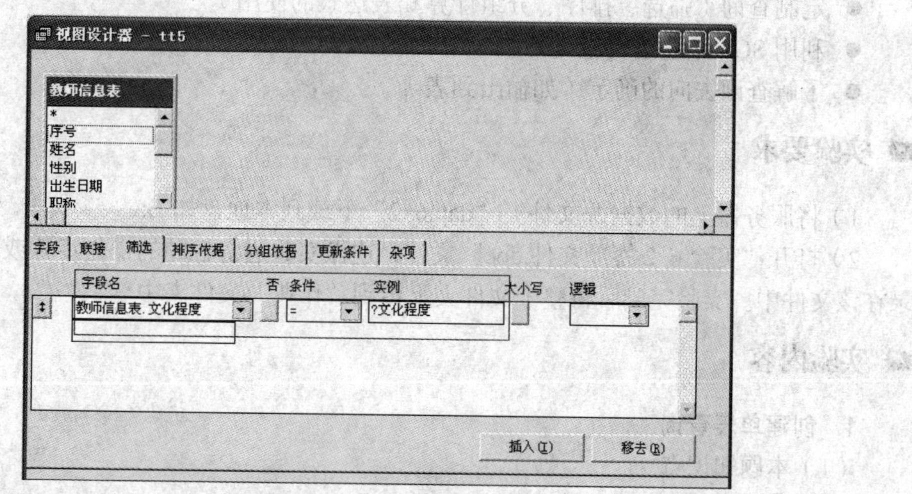

图6-15　带参数的视图

注意：此处的“?”必须为半角问号，问号后面的“文化程度”为查询时的提示信息，也可以换成别的提示信息，例如，“要查的文化程度是:”。如果在查询信息后面使用了冒号，则必须是全角冒号；否则会导致查询失败。

④ 选择“查询”→“视图参数”命令，在弹出的对话框中设置参数名为“文化程度”，类型为“字符型”。

注意：此时的参数名必须与参数的类型相对应，如果此时要查询的是“婚否”字段，类型就必须选“逻辑型”。

⑤ 单击按钮（或选择“文件”→“保存”命令），将该视图保存为tt5。

⑥ 单击按钮（或选择“查询”→“运行查询”命令），弹出如图6-16的对话框。在该对话框中输入“本科”，查看所有文化程度为本科的记录。

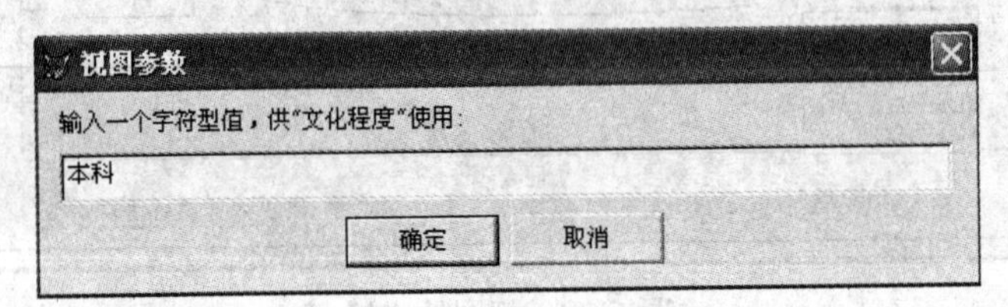

图6-16　输入视图参数

⑦ 选择“查询“→”查看SQL”命令，可查看所对应的SQL代码。

6.2　查询

实验目的

- 掌握利用查询向导和查询设计器，创建查询的一般方法。
- 多表查询。
- 定制查询（筛选、排序、分组计算和表达式的使用）。
- 利用SQL语言进行查询。
- 了解查询去向的确定（如输出到表）。

实验要求

1）将服务器上的数据源文件夹“data6-2”下载到本地盘如E:\。

2）打开“实验6-2答题文件.doc”文件，边做实验边将各题的操作步骤或所用的命令记录在该文件中。实验完成后将整个文件夹上传到“作业”文件夹中。

实验内容

1．创建单表查询

（1）本题知识点

1）使用查询向导创建单表查询。

2）使用查询设计器创建单表查询。

3）使用 SQL 命令创建单表查询。

4）查询去向的设置。

（2）本题数据源

“教师信息表.dbf”。

（3）要求

启动 Microsoft Visual FoxPro，再进行如下的操作，并将显示结果和 SQL 语句写在“6.2　答题文件.doc”中。

1）使用查询向导查询“教师信息表.dbf”中 75 年以前工作的教师信息，查询文件名为 qq1.qpr。查询结果如图 6-17 所示。

查询

序号	姓名	性别	出生日期	职称	电话	文化程度	工作日期	基础工资	婚否
7	王方	男	12/21/45	副教授	832390	本科	07/05/69	1844.30	T
8	王静	女	03/02/43	教授	833030	硕士	07/14/65	1950.00	T

图 6-17　查询“qq1”的运行结果

对应的 SQL 语句：

```
SELECT *;
 FROM 学生!教师信息表;
 WHERE 教师信息表.工作日期 < {^1976/01/01}
```

2）使用查询设计器创建查询，分组计算“教师信息表”中各种职称的平均工资。查询文件名为 qq2.qpr，并将查询结果直接显示在屏幕上，如图 6-18 所示。

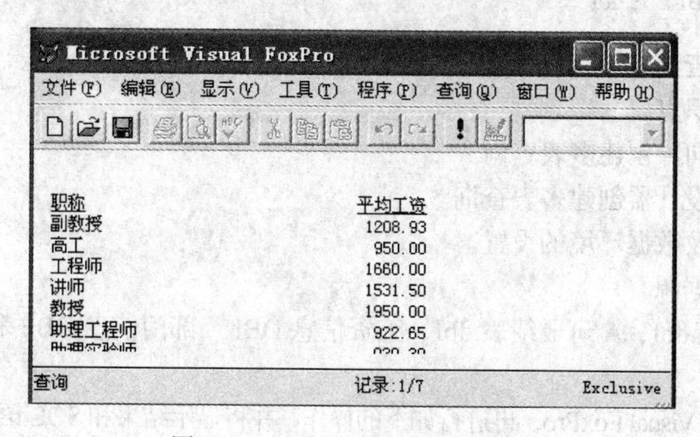

图 6-18　查询“qq2”的运行结果

对应的 SQL 语句：

```
SELECT 教师信息表.职称, avg( 基础工资) as 平均工资;
```

```
FROM 学生!教师信息表;
GROUP BY 教师信息表.职称;
TO SCREEN
```

3）使用 CREATE QUERY 命令建立查询 qq3.qpr，用于查询“学生.DBF”表中 82 年下半年到 83 年上半年之间出生学生的学号、姓名、性别和出生日期，并将结果输出一个新表“XS.dbf”中，查询结果如图 6-19 所示。

Xs

学号	姓名	性别	出生日期
07610101	陶骏	男	08/09/82
07610103	马大大	男	02/26/83
07610108	宋成城	男	07/08/82
07610109	李a静	女	03/04/83
07610120	伍宁如	女	09/05/82
07620104	古月	男	03/15/83
07620106	石磊	男	12/11/82
07630101	王斯雷	男	08/19/82
07630103	赵敏生	男	02/26/83
07640102	李海	男	11/18/82
07640103	陈静	女	03/24/83
07640104	王克南	男	09/25/82
07640105	钟尔慧	男	03/15/83
07640107	林顺	男	12/11/82

图 6-19　查询“qq3”的运行结果

对应的 SQL 语句：

```
SELECT 学生.学号, 学生.姓名, 学生.性别, 学生.出生日期;
 FROM 学生;
 WHERE 学生.出生日期 >= date(1982,7,1);
   AND 学生.出生日期 <= date(1983,6,30);
 INTO TABLE xs.dbf
```

2. 创建多表查询

（1）本题知识点

1）使用查询向导创建多表查询。

2）使用查询设计器创建多表查询。

3）查询去向及数据环境的设置。

（2）本题数据源

A 班学生信息.dbf、A 班成绩表.dbf、工资信息.DBF、部门信息.DBF 和职工信息.DBF。

（3）要求

启动 Microsoft Visual FoxPro，再进行如下的操作，并将显示结果和 SQL 语句写在“6.2　答题文件.doc”中。

1）查询 A 班学生总分排在前 10 名的学生信息，查询的信息包括学号、姓名、性别、出生日期、总分和平均分。查询文件名为 qq4.qpr，查询结果如图 6-20 所示。

查询

学号	姓名	性别	出生日期	总分	平均分
07610106	王晓宁	男	02/09/84	431	86.20
07610103	马大大	男	02/26/83	417	83.40
07610104	夏小雪	女	12/01/83	412	82.40
07610108	宋成城	男	07/08/82	411	82.20
07610101	陶骏	男	08/09/82	398	79.60
07610107	魏文鼎	男	11/09/83	393	78.60
07610105	钟大成	女	09/02/83	389	77.80
07610109	李文静	女	03/04/83	373	74.60
07610102	陈晴	男	03/05/82	372	74.40

图 6–20　查询“qq4”的运行结果

对应的 SQL 语句：

```
SELECT TOP 10 A 班学生信息.学号, A 班学生信息.姓名, A 班学生信息.性别,;
  A 班学生信息.出生日期, A 班成绩表.总分, A 班成绩表.平均分;
 FROM   a 班学生信息  INNER JOIN a 班成绩表  ;
   ON   A 班学生信息.学号  = A 班成绩表.学号;
 ORDER BY A 班成绩表.总分  DESC
```

2）通过查询设计器来建立查询文件 qq5.qpr。要求根据“部门信息.DBF”、“工资信息.DBF”和“职工信息.DBF”查询出所有本科学历职工的姓名、省份、所在部门负责人的姓名（标题指定为“部门负责人”）、性别、年龄等信息。要求查询结果记录是按“省份”降序排列的。查询结果如图 6–21 所示。

查询

姓名	省份	部门负责人	性别	年龄
郭庆良	山东	易建军	男	23
洪金勇	辽宁	洪金勇	男	27
孔祥和	广东	孔祥和	男	28
潘宝芝	广东	潘宝芝	女	22

图 6–21　查询“qq5”的运行结果

对应的 SQL 语句：

```
SELECT  工资信息.姓名, 职工信息.省份, 部门信息.负责人  AS  部门负责人,;
  职工信息.性别, 职工信息.年龄;
 FROM   部门信息  INNER JOIN  工资信息;
     INNER JOIN 职工信息;
   ON   工资信息.工号  =  职工信息.工号;
   ON   部门信息.部门号  =  工资信息.部门号;
 WHERE  职工信息.学历  = "本科";
 ORDER BY  职工信息.省份  DESC
```

3．创建交叉表查询（本题为选做）

（1）本题知识点

1）使用查询向导创建交叉表查询。

2）查询去向的设置。

（2）本题数据源

A 班成绩表.dbf。

（3）要求

1）启动 Microsoft Visual FoxPro，再进行如下的操作，并将显示结果和 SQL 语句写在“6.2　答题文件.doc”中。

2）根据“教师信息表.dbf”建立交叉表数据表，查询各类学历男女职工的人数。查询文件名为 Qq6.qpr，查询结果如图 6-22 所示。

Query

性别	本科	大专	硕士
男	4	3	1
女	2	1	1

图 6-22　查询“qq6”的运行结果

对应的 SQL 语句：

```
SELECT 教师信息表.性别, 教师信息表.文化程度,;
  COUNT(教师信息表.基础工资);
 FROM 教师信息表;
 GROUP BY 教师信息表.性别, 教师信息表.文化程度;
 ORDER BY 教师信息表.性别, 教师信息表.文化程度;
 INTO CURSOR SYS(2015)
DO (_GENXTAB) WITH 'Query'
BROWSE NOMODIFY
```

实验指导

1. 创建单表查询

1）使用查询向导查询“教师信息表.dbf”中 75 年以前工作的教师信息，查询文件名为 qq1.qpr。

其具体操作步骤如下：

① 选择“文件”→“新建”→“查询”→“向导”→“查询向导”命令。

② 在弹出的“查询向导”对话框中，先选择“教师信息表.dbf”，再选择该表中的所有字段。

③ 单击“下一步”按钮，筛选记录。在“字段”下拉列表框中选择“教师信息表.工作日期”，“操作符”中选择“小于”，在“值”本文框中输入{^1976/01/01}，

如图 6-23 所示。

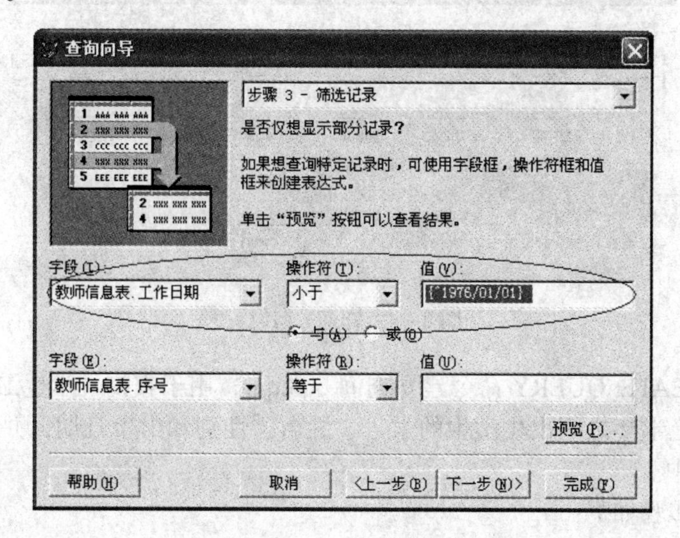

图 6-23　查询-筛选记录

④ 单击“下一步”按钮，弹出“排序记录”对话框，因题目未对记录顺序提出要求，可按默认值。

⑤ 单击“下一步”按钮，选择“保存并运行查询”，单击“完成”按钮。

⑥ 将文件命名为 qq1.qpr，单击“确定”按钮退出。

⑦ 重新打开 qq1.qpr，可同时打开“查询设计器”对查询进行修改，此时系统主菜单中出现“查询”菜单项，常用工具栏上出现“运行”按钮❗。

⑧ 单击❗按钮（或选择“查询”→“运行查询”命令），可重新查看查询运行结果；选择“查询”→“查看 SQL”，可查看所对应的 SQL 代码。

⑨ 单击💾按钮（或选择“文件”→“保存”命令），可对修改后的 qq1 重新保存。

2）使用查询设计器创建查询，分组计算“教师信息表”中各种职称的平均工资。查询文件名为 qq2.qpr，并将查询结果直接显示在屏幕上。

其具体操作步骤如下：

① 选择“文件”→“新建”→“查询”→“新建文件”命令，弹出类似视图设计器的“查询设计器”。

② 打开“字段”选项卡，将“职称”添加到“选定字段”中，再使用表达式“avg(基础工资) as 平均工资”，并将该表达式添加到“选定字段”中。

③ 打开“分组依据”选项卡，选择“职称”字段作为分组依据；其他各选项题目未做要求，可按默认。

④ 选择“查询”→“查询去向”（或者在查询设计器的空白处右击，在弹出的快捷菜单中选择“输出设置”）命令。

⑤ 在弹出的“查询去向”对话框中选择“屏幕”，单击“确定”按钮退出，如图 6-24 所示。

⑥ 单击💾按钮，将该查询保存为 qq2.qpr。

⑦ 单击❗按钮（或选择“查询”→“运行查询”命令），可查看查询运行结果；选择“查询”→“查看 SQL”，可查看所对应的 SQL 代码。

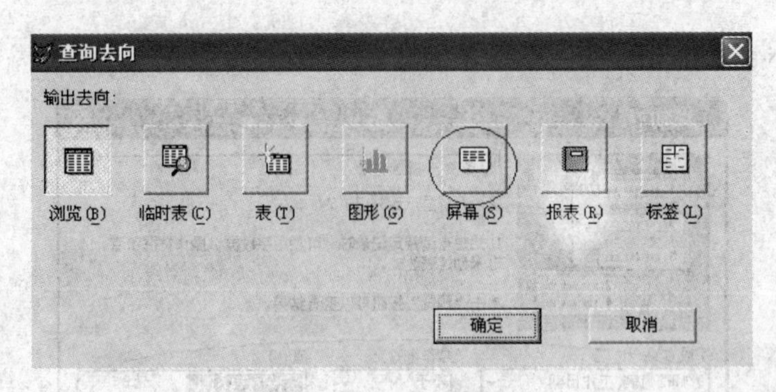

图 6–24　查询去向设置

3）使用 CREATE QUERY 命令建立查询 qq3.qpr，用于查询“学生.DBF”表中 82 年下半年到 83 年上半年之间出生学生的学号、姓名、性别和出生日期，并将结果输出一个新表“XS.dbf”中。

其具体操作步骤如下：

① 在命令窗口输入 CREATE QUERY qq3。

② 在弹出的对话框中将“学生.DBF”表添加到查询设计器中。

③ 打开“字段”选项卡，添加“学号”、“姓名”、“性别”和“出生日期”字段。

④ 打开“筛选”选项卡，设置“学生.出生日期 >= date(1982,7,1)”和“学生.出生日期 <= date(1983,6,30)”，并在第一个条件的右端“逻辑”下拉表中选择“AND”，如图 6–25 所示。

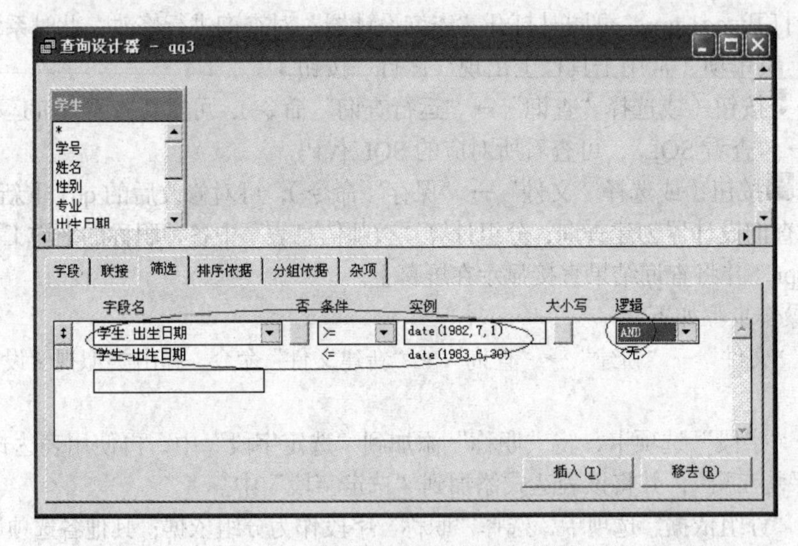

图 6–25　查询“qq3”的筛选条件设置

注意：此处的日期除使用本例中的 date 函数外，还可以使用日期常量和 CTOD 函数，建议大家自行验证。

⑤ 选择“查询”→“查询去向”（或者在查询设计器的空白处右击，在弹出的快捷菜单中选择“输出设置”）命令。

⑥ 在弹出的“查询去向”对话框中选择“表”，并将表命名为“XS.dbf”，单击“确定”按钮退出。

⑦ 单击按钮（或选择“文件”→“保存”命令），可对修改后的qq3重新保存。

⑧ 选择“查询”→“查看SQL”命令，可查看所对应的SQL代码。

⑨ 单击!按钮后，可再通过选择“显示”→“浏览”命令查看“XS.dbf”表。

2．创建多表查询

1）查询A班学生总分排在前10名的学生信息，查询的信息包括学号、姓名、性别、出生日期、总分、平均分，查询文件名为qq4.qpr。

其具体操作步骤如下：

① 本查询的结果分别来自两个表“A班学生信息.dbf”和“A班成绩表.dbf”，先将这两张数据表添加到查询设计器中，两表自动以“学号”建立连接。

② 将“A班学生信息.dbf”中的“学号”，“姓名”，“性别”，“出生日期”和“A班成绩表.dbf”中的“总分”、“平均分”添加到“选定字段”中。

③ 打开“排序依据”选项卡，将“A班成绩表.dbf”中的“总分”作为排序条件，排序选项为“降序”。

④ 打开“杂项”选项卡，将“全部”前面的对勾去掉，在“记录个数”编辑框中输入10。

⑤ 单击按钮，将该查询保存为qq4.qpr。

⑥ 单击!按钮（或选择“查询”→“运行查询”命令），可查看查询运行结果；选择“查询”→“查看SQL”命令，可查看所对应的SQL代码。

2）通过查询设计器来建立查询文件 qq5.qpr。要求根据“部门信息.DBF”、“工资信息.DBF”和“职工信息.DBF”查询出所有本科学历职工的姓名、省份、所在部门负责人的姓名（标题指定为“部门负责人”）、性别、年龄等信息。要求查询结果记录是按“省份”降序排列的。

其具体操作步骤如下：

① 分别将“部门信息.DBF”、“工资信息.DBF”和“职工信息.DBF”都添加到查询设计器中，“部门信息.DBF”和“工资信息.DBF”自动以“部门号”建立连接，“工资信息.DBF”和职工信息自动以“工号”建立连接。

② 分别将“工资信息.DBF”中的姓名字段，“职工信息.DBF”中的省份、性别、年龄字段添加到“选定字段”中，由“函数和表达式”生成器生成“部门信息.负责人 as 部门负责人”并添加到“选定字段”中。

③ 拖动“选定字段”中“部门信息.负责人 as 部门负责人”前面的小方块，将其拖至省份与性别字段之间，如图6–26所示。

④ 打开“筛选”选项卡，设置筛选字段为“学历”，条件为“=”，实例为“本科”。

⑤ 打开“排序依据”选项卡，选择排序字段为“省份”，并指定为降序。

⑥ 单击按钮，将该查询保存为qq5qpr。

⑦ 单击!按钮（或选择“查询”→“运行查询”命令），可查看查询运行结果；选择“查询”→“查看SQL”命令，可查看所对应的SQL代码。

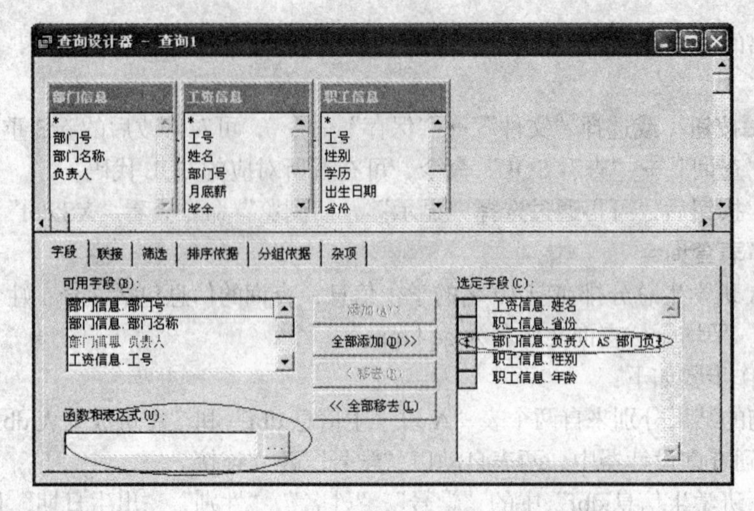

图 6–26　查询字段设置

3. 创建交叉表查询（本题为选做）

根据“教师信息表.dbf”建立交叉表数据表，查询各类学历男女职工的人数。查询文件名为 qq6.qpr。

其具体操作步骤如下：

① 选择“文件”→“新建”→“查询”→“向导”→“交叉表向导”命令。

② 查询数据源选择“教师信息表.dbf”，查询字段选择性别、文件程度和基础工资。

注意：由于此处是计数，所以“基础工资”也可以换成“教师信息表.dbf”的任意一个字段，无论使用哪个字段均不影响统计结果。

③ 单击“下一步”按钮，定义布局。将性别、文件程度和基础工资字段分别拖至行、列、数据位置上，如图 6–27 所示。

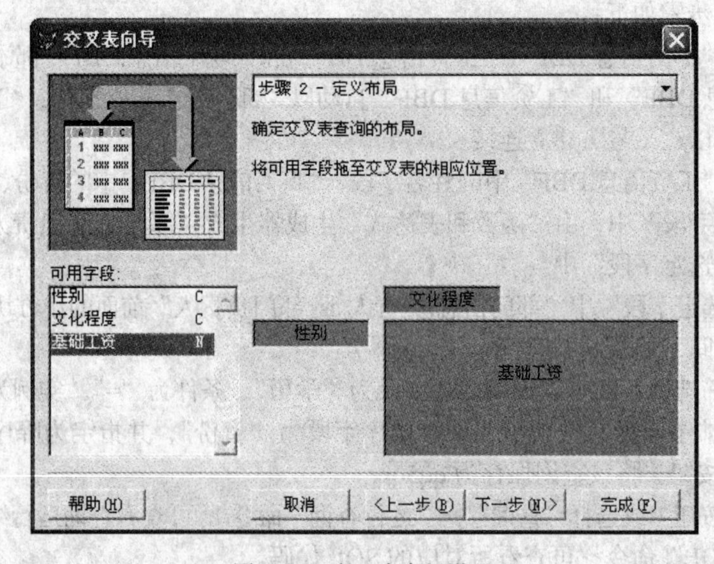

图 6–27　交叉表布局设置

④ 单击“下一步”按钮，设置总结信息。根据题目要求将“总结”项设置为“计数”，“分类汇总”项设置为“无”，如图 6-28 所示。

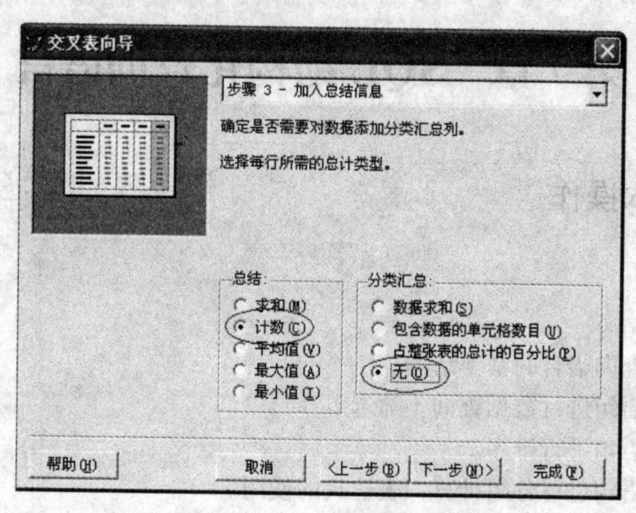

图 6-28　交叉表总结信息设置

⑤ 单击“下一步”按钮，弹出“完成”对话框。选择“保存并运行交叉表查询”，取消“显示 NULL 值”的选中状态，单击“完成”按钮。

⑥ 输入 qq6.qpr，将该查询保存。

⑦ 重新打开 qq6.qpr，可同时打开查询设计器（但交叉数据表一般不能修改），此时系统主菜单上出现“查询”菜单项，常用工具栏中出现“运行”按钮 ! 。

⑧ 单击 ! 按钮（或选择“查询”→“运行查询”命令），可重新查看查询运行结果；选择“查询”→“查看 SQL”，可查看所对应的 SQL 代码。

注意：使用查询设计器也可以创建交叉查询，在查询设计过程中，当“选定字段”刚好为 3 项时，“杂项”选项卡中的“交叉数据表”选项才可用。

第7章　SQL结构化查询语言

7.1　SQL基本操作

实验目的

- 了解SQL查询语言的基本结构。
- 利用SQL语句进行数据查询（筛选）。
- 利用SQL语句进行排序。
- 利用SQL语句进行分组计算，表达式的使用。

实验要求

1）将服务器上的数据源文件夹“data7-1”下载到本地盘如E:\。

2）打开其中的“实验7-1答题文件.doc”文件，边做实验边将各题的操作步骤或所用的命令记录在该文件中。实验完成后将整个文件夹上传到“作业”文件夹中。

实验内容

1．“学生.dbf”的SQL简单查询

（1）本题知识点

使用SQL语句，实现各种条件的简单查询。

（2）本题数据源

学生.dbf。

（3）要求

1）使用set default to 命令设置默认路径。

2）查询“学生.dbf”中的所有字段的内容。

3）查询“学生.dbf”中的“姓名”、“出生日期”和“性别”字段的内容。

4）查询“学生.dbf”中的所有女生的记录内容，并按年龄降序排列。

5）查询“学生.dbf”中“出生日期”在1983年1月1日～1984年1月1日的所有学生“姓名”、“出生日期”和“性别”字段的内容。

6）分别统计出“学生.dbf”中男、女生的平均年龄。

2．“教师信息表.dbf”的SQL简单查询

（1）本题知识点

使用SQL语言，实现各种条件的简单查询。

（2）本题数据源

教师信息表.dbf。

（3）要求

1）使用 set default to 命令设置默认路径（E:\data7-1）。

2）查询“教师信息表. dbf”中所有信息，并按参加工作的先后次序排列。

3）查询“教师信息表.dbf”中姓“李”的老师。

4）在“教师信息表.dbf”中，按职称分组，列出每种职称最低基础工资。

5）在“教师信息表.dbf”中，分组计算各种职称的平均工资。

6）查询“教师信息表. dbf”中 80 年代（即 1980～1989 年）参加工作的女教师的记录内容。

3. “成绩表. dbf”的简单查询

（1）本题知识点

使用 SQL 语句，实现各种条件的简单查询。

（2）本题数据源

成绩表. dbf。

（3）要求

1）使用 set default to 命令设置默认路径。

2）查询“成绩表.dbf”中“学号”、“姓名”和各科目总分，命名为“总分”的记录内容。

3）查询“成绩表.dbf”中按总分高低排序后的前 3 名的所有字段加上“总分”和“平均分”的信息。

4）查询“成绩表. dbf”中数学成绩最高分和总人数，并指定该列的标题为“数学最高分”。

5）查询“成绩表. dbf”中英语成绩在 80～90 之间的学生信息。

实验指导

1. “学生. dbf”的 SQL 简单查询——操作指导

在命令窗口中依次输入如下命令：

1）使用命令设置默认路径：set defa to E:\data7-1

2）SELECT * FROM 学生

3）SELECT 姓名,出生日期,性别 FROM 学生

4）SELECT * FROM 学生 WHERE 性别="女" ORDER BY 年龄 DESC

5）
```
SELECT 姓名, 性别, 出生日期 FROM 学生;
  WHERE 出生日期 >= date(1983,1,1) ;
    AND 出生日期 <= date(1984,1,1)
```
或：
```
SELECT 姓名, 性别, 出生日期 FROM 学生;
   WHERE 出生日期 between date(1983,1,1) and date(1984,1,1)
```
或：
```
SELECT 姓名, 性别, 出生日期 FROM 学生;
 WHERE 出生日期 between {^1980-1-1} and {^1984-1-1}
```
6）
```
SELECT 性别, AVG(year(date())-year(出生日期)) AS 平均年龄 FROM 学生;
        GROUP BY 性别
```

2．“教师信息表. dbf”的 SQL 简单查询——操作指导

在命令窗口中依次输入如下命令：

1）使用命令设置默认路径：set defa to E:\data7-1；

2）SELECT * FROM 教师信息表 ORDER BY 工作日期 DESC

3）SELECT * FROM 教师信息表 WHERE (姓名 LIKE ‘李%’)

4）SELECT 职称, MIN(基础工资) AS 最低工资 FROM 教师信息表；
GROUP BY 职称

5）SELECT 职称, AVG(基础工资) AS 平均工资；
FROM 教师信息表 GROUP BY 职称

6）SELECT * FROM 教师信息表；
WHERE (工作日期 >= '1980-01-01')；
AND (工作日期 <= '1989-12-31')；
AND (性别 = '女')

或：

SELECT * FROM 教师信息表；
WHERE (工作日期 BETWEEN '1980-01-01' AND '1989-12-31')；
AND (性别 = '女')

或：以下虽不算错，但是 CONVERT 多此一举。

SELECT * FROM 教师信息表；
WHERE (性别 = '女')；
AND (工作日期 >=CONVERT(datetime, '1979-12-31 00:00:00',102))；
AND (工作日期 < CONVERT(datetime, '1990-1-1 00:00:00',102))

或：

SELECT * FROM 教师信息表；
WHERE (性别 = '女')；
AND 工作日期 between CONVERT(datetime, '1979-12-31')；
AND CONVERT(datetime, '1990-1-1')

3．“成绩表. dbf”的 SQL 简单查询——操作指导

在命令窗口中依次输入如下命令：

1）使用命令设置默认路径：set defa to E:\data7-1。

2）SELECT 学号,姓名,数学+英语+政治+计算机 AS 总分 FROM 成绩表

3）SELECT TOP 3 *,数学+英语+政治+计算机 AS 总分,；
(数学+英语+政治+计算机)/4 AS 平均分 FROM 成绩表；
ORDER BY 总分

注：平均分要用“(数学+英语+政治+计算机)/4”表示，而不能用“总分/4”表示。

4）SELECT MAX(数学) AS 数学最高分,COUNT(*) AS 总人数 FROM 成绩表

5）SELECT * FROM 成绩表 WHERE 英语 BETWEEN 80 AND 90

或：

SELECT * FROM 成绩表 WHERE 英语>=80 and 英语<=90

注：BETWEEN 包括边界值，而 NOT BETWEEN 不包括边界值。

7.2 SQL 高级操作

实验目的

- 掌握多表查询。
- 掌握 SQL 的嵌套查询。
- SQL 滤波条件字的使用。
- 查询结果的输出。

实验要求

1）将服务器上的数据源文件夹“data7-2”下载到本地盘如 E:\。

2）打开其中的“实验 7-2 答题文件.doc”文件，边做实验边将各题的操作步骤或所用的命令记录在该文件中。实验完成后将整个文件夹上传到“作业”文件夹中。

实验内容

1. 多表查询

（1）本题知识点

采用表连接形式的 SELECT-SQL 来实现查询。

（2）本题数据源

A 班学生信息. dbf、A 班成绩表. dbf、学生. dbf、课程. dbf 和学生选课. dbf。

（3）要求

1）使用 set default to 命令设置默认路径。

2）根据“A 班学生信息”表和“A 班成绩表”查询学生的“姓名”、“数学”和“英语成绩”。

3）根据“学生. dbf”和“学生选课. dbf”，查询选修成绩不低于 80 分的学生的“学号”、“姓名”和“成绩”，并按“成绩”降序排列记录。

4）根据“学生.dbf”、“课程.dbf”和“学生选课.dbf”，查询选修成绩不低于 85 分的学生的“学号”、“姓名”、“所选课程的课程名和成绩”，并按“成绩”降序排列记录。

2. SQL 的嵌套查询

（1）本题知识点

SELECT 语句的嵌套查询。

（2）本题数据源

学生. dbf 和学生选课. dbf。

（3）要求

1）使用 set default to 命令设置默认路径。

2）查询“学生. dbf”中与陈静同乡的学生情况。

3）查询“学生. dbf”中入学成绩小于平均入学成绩的学生情况，包括“姓名”、“出生日期”和“入学成绩”。

4）查询“学生. dbf”中入学成绩小于600，但最接近600的学生情况，包括“姓名”、“入学日期”和“入学成绩”。

5）查询“学生选课. dbf”中2009号课程，成绩高于该课程平均成绩的学生信息。

3．SQL滤波条件字的使用

（1）本题知识点

SQL滤波条件字的使用。

（2）本题数据源

学生. dbf、学生选课. dbf和课程. dbf。

（3）要求

1）使用set default to 命令设置默认路径。

2）根据“学生选课.dbf”查询“学生.dbf”中的“土木工程”专业学生的选课情况。

3）根据“学生选课. dbf”查询“学生. dbf”中的“计算机”专业选课的学生情况。

4）根据“课程. dbf”和“学生选课. dbf”，查询“课程. dbf”中选修了“孙子兵法”的学生的学号、课程名和成绩。

5）在“学生. dbf”中查询出生年份最早的学生情况。

6）在“学生. dbf”中查询入学成绩不高于500的记录中入学成绩最高的学生情况。

7）从“学生. dbf”中查找出在“学生选课. dbf”中选修过课程的学生信息。

4．查询结果的输出

（1）本题知识点

查询结果的输出。

（2）本题数据源

学生. dbf、学生选课. dbf和课程. dbf。

（3）要求

1）使用set default to 命令设置默认路径。

2）根据“学生选课. dbf”查询选课成绩的最高成绩和最低成绩，同时能显示出获得这些成绩的“学号”，并把查询设定其“输出去向”为临时表TT。

3）根据“学生. dbf”、“课程. dbf”和“学生选课. dbf”，查询选修了“生活英语”的学生的“学号”、“姓名”、“课程名”、“成绩”，并把查询结果保存于数据表“生活英语成绩表”中。

实验指导

1．多表查询——操作指导

在命令窗口中依次输入如下命令：

1）使用命令设置默认路径：set defa to E:\data7-2

2）
```
SELECT  姓名,数学,英语;
    FROM  A班学生信息, A班成绩表;
    WHERE  A班学生信息.学号=A班成绩表.学号
```

或：

```
    SELECT  姓名,数学,英语 ;
        FROM   A班学生信息 as a ;
```

INNER JOIN A班成绩表 as b;
ON a.学号=b.学号

注意：后者所采用的是表连接的方法。

3）SELECT a.学号,姓名,成绩 FROM 学生选课 a;
INNER JOIN 学生 b;
ON a.学号=b.学号;
WHERE 成绩>=80 ORDER BY 成绩 DESC

4）SELECT b.学号,姓名,课程名,成绩;
FROM 课程 a INNER JOIN 学生选课 b;
ON a.课程ID=b.课程ID;
INNER JOIN 学生 c;
ON b.学号=c.学号;
WHERE 成绩>=85;
ORDER BY 成绩 DESC

或：

SELECT b.学号,姓名,课程名,成绩;
FROM 课程 a INNER JOIN 学生选课 b;
INNER JOIN 学生 c;
ON b.学号=c.学号;
ON a.课程ID=b.课程ID;
WHERE 成绩>=85;
ORDER BY 成绩 DESC

注意：先为后连接的表指定连接条件。

或：

SELECT b.学号,姓名,课程名,成绩;
FROM 课程 a,学生选课 b,学生 c;
WHERE 成绩>=85 and;
a.课程ID=b.课程ID and;
b.学号=c.学号;
ORDER BY 成绩 DESC

2. SQL的嵌套查询——操作指导

在命令窗口中依次输入如下命令：

1）使用命令设置默认路径：set defa to E:\data7-2

2）SELECT * FROM 学生;
WHERE 籍贯=(SELECT 籍贯 FROM 学生 WHERE 姓名="陈静")

注意：子查询从学生表中取出陈静的籍贯，作为主查询的条件。

3）SELECT　姓名, 出生日期, 入学成绩　FROM　学生；

WHERE 入学成绩 <(SELECT AVG(入学成绩)　FROM 学生)

注意：子查询从学生表中取出入学成绩的平均分，作为主查询的条件。

4）SELECT　姓名, 出生日期, 入学成绩　FROM　学生；

WHERE 入学成绩=(SELECT MAX(入学成绩)　FROM 学生；

WHERE 入学成绩<600)

注意：子查询从学生表中取出入学成绩低于600分的学生的最高成绩。

5）SELECT　学号, 成绩 FROM 学生选课；

WHERE 课程ID="2009"　AND 成绩> (SELECT　AVG(成绩)；

FROM 学生选课　WHERE 课程ID='2009')

注意：子查询中，计算出2009号课程的平均成绩，作为主查询的比较条件。

3．SQL滤波条件字的使用——操作指导

在命令窗口中依次输入如下命令：

1）使用命令设置默认路径：set defa to E:\data7-2

2）SELECT　*　FROM 学生选课　WHERE 学号 IN；

(SELECT 学号 FROM 学生　WHERE 专业='土木工程')

注意：使用IN运算符时，字段表中只能指定一个表达式。

3）SELECT　*　FROM　学生　WHERE 专业=[计算机] and　学号 IN；

(SELECT　学号　FROM　学生选课)

4）SELECT　b. 学号, 课程名, 成绩　FROM 课程 a , 学生选课 b；

WHERE　a. 课程ID=b. 课程ID　and 课程名　IN；

(SELECT　课程名　FROM 课程　WHERE 课程名="孙子兵法")

5）SELECT　*　FROM　学生；

WHERE　YEAR(出生日期)<=ALL(SELE YEAR(出生日期) FROM 学生)

或：

SELECT　*　FROM　学生；

WHERE YEAR(出生日期)=(SELE　MIN(YEAR(出生日期)) FROM 学生)

或：

SELECT　* FROM 学生；

WHERE　YEAR(出生日期)　IN (SELE　MIN(YEAR(出生日期)) FROM 学生)

6）SELECT　*　TOP　1　FROM　学生　WHERE 入学成绩 NOT　IN；

(SELECT 入学成绩　FROM　学生　WHERE 入学成绩>=600) ；

ORDER BY 入学成绩 DESC

7）SELECT　*　FROM　学生　WHERE　EXISTS；

(SELECT　*　FROM　学生选课　WHERE 学生. 学号 =学生选课. 学号)

或：

```
SELECT  *  FROM  学生  WHERE 学号  IN;
(SELECT  学号  FROM  学生选课  WHERE  学生.学号 =学生选课.学号)
```

注意：子句 SELECT 后的“ * ”和输入“学号”结果一样，若要列出学生表中没有选课的学生，只要在“EXISTS”或“IN”前加上 NOT 即可。

4．查询结果的输出——操作指导

在命令窗口中依次输入如下命令：

1）使用命令设置默认路径：set defa to E:\data7-2

2）SELECT 学号, MAX (成绩) AS 最高成绩, MIN (成绩) AS 最低成绩;
FROM 学生选课 GROUP BY 学号 INTO CURSOR TT

3）SELECT b.学号, 姓名, 课程名, 成绩;
FROM 课程 a INNER JOIN 学生选课 b;
ON a.课程 ID=b.课程 ID;
INNER JOIN 学生 c;
ON b.学号=c.学号 WHERE 课程名="生活英语";
into dbf 生活英语成绩表

第 8 章　Visual FoxPro 的程序设计

8.1　VFP 程序设计基础

实验目的

- 掌握 3 个交互式语句的使用方法。
- 掌握顺序结构的程序设计的基本方法。
- 掌握简单的分支结构 IF 语句的使用方法。

实验要求

1）将服务器上的文件夹“data8-1”下载到本地盘（比如 E:\）。

2）打开其中的“实验 8-1 答题文件.doc”文件，边做实验，边将各题的答案（所用的命令或运行结果等）记录在该文件中。实验完成后，将整个文件夹上传到你的“作业”文件夹中。

实验内容

1. 程序文件的建立与运行

（1）本题知识点

程序文件的建立、运行，输入语句，输出语句。

（2）要求

编写一程序 **P8_1_1**，根据用户输入的半径值，计算出相应的圆的面积和球的体积（提示：圆的面积 $S=\pi r^2$，球的体积 $V=4/3\pi r^3$，π 可使用函数 PI()），其效果如图 8-1 所示。

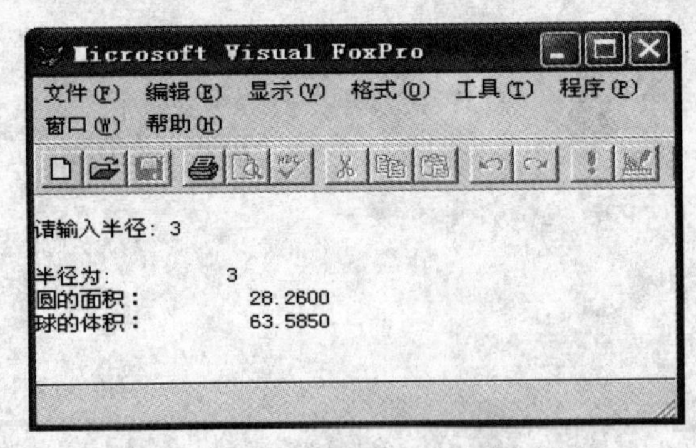

图 8-1　程序 P8_1_1 的运行效果示意图

2. 顺序结构程序设计

（1）本题知识点

输入输出语句，条件定位语句，记录的显示，顺序结构程序的编写。

（2）本题数据源

“A 班成绩表”和“A 班学生信息”。

（3）要求

对于“A 班成绩表”，编写一程序 **P8_1_2**，从键盘输入“马大大”的姓名，计算出他的总分与平均分，并显示计算结果（见图 8-2）。

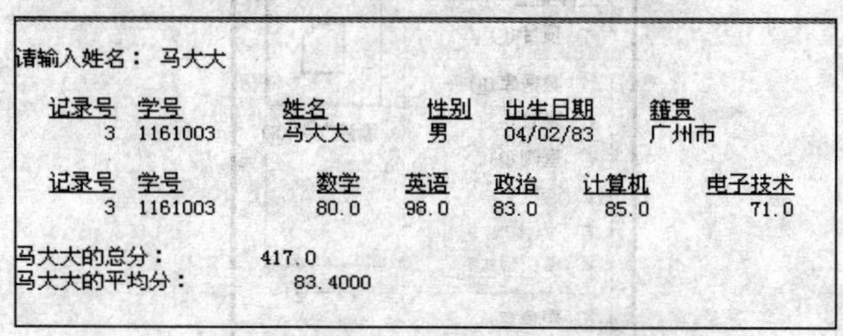

图 8-2　程序 P8_1_2 的运行效果示意图

3. 分支结构程序设计 1

（1）本题知识点

输入输出语句，条件定位语句，if…else…endif 语句，分支结构程序的编写。

（2）本题数据源

“教师信息表”。

（3）要求

对于“教师信息表”，编写一程序 **P8_1_3**，输入任意老师的姓名（如输入“张丽君”或“李华”），判断并显示该教师是“已婚”还是“未婚”，如图 8-3 所示。

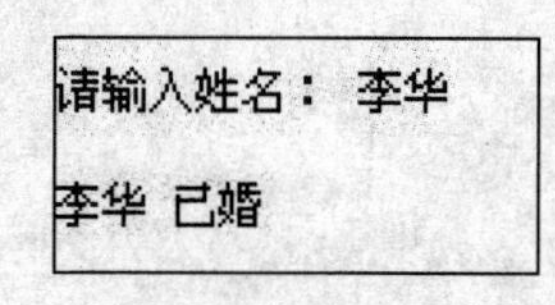

图 8-3　程序 P8_1_3 的运行效果示意图

4. 分支结构程序设计 2

（1）本题知识点

输入输出语句，条件定位语句，if…else…endif 语句，程序的修改，分支结构程序的编写。

（2）本题数据源

“教师信息表”。

（3）要求

对于“教师信息表”，编写一程序 P8_1_4，输入任意老师的姓名，判断并显示该教师是否存在。若有，输出该教师的姓名、职称、婚否；若查不到，则显示“查无此人”（可利用上题的程序 P8_1_3.prg ，修改另存为 P8_1_4.prg）。

实验指导

1. 程序文件的建立与运行——操作指导

通常，建立程序文件有 4 种方法，其具体设置方法如下。

方法一：菜单方式。

1）选择“文件”→“新建”命令或单击“新建”按钮。

2）在“新建”对话框的“文件类型”中，选择“程序”。

3）在步骤2中单击“新建文件”按钮，如图8-4所示。

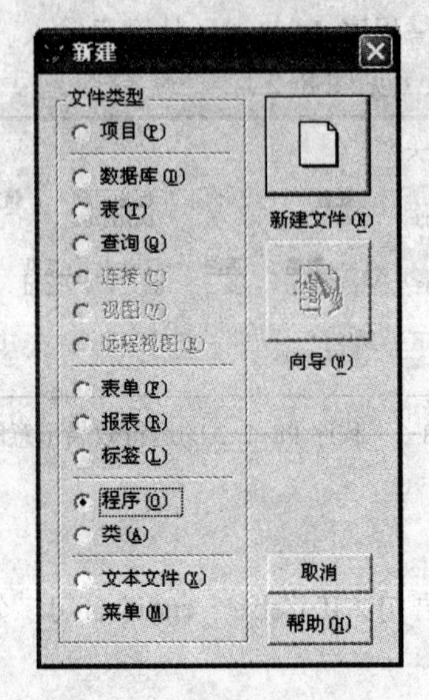

图8-4 “新建”对话框

4）在程序窗口中输入如下代码：

```
CLEAR
INPUT "请输入半径: " TO R
S=3.14*R^2
V=3.14*R^3*4/3
? "半径为:",R
? "圆的面积：",S
? "球的体积：",V
```

5）选择“文件”→“保存”命令或单击“保存”按钮，将程序命名为P8_1_1.prg。

6）选择“程序”→“运行”命令或单击“运行”按钮，如图8-5所示。

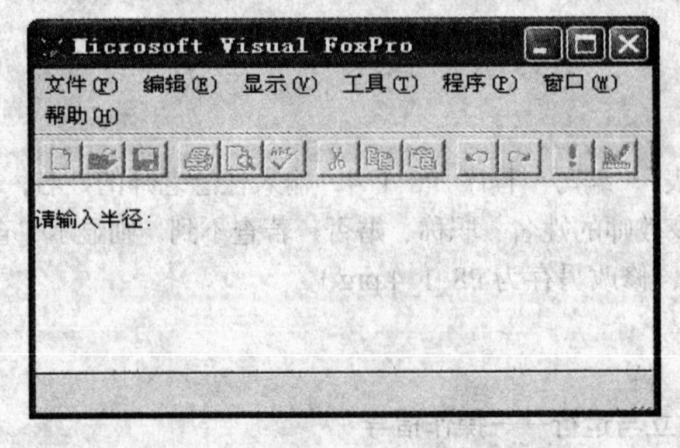

图8-5 程序P8_1_1的运行示意图

7）根据提示输入数据后按〈Enter〉键，查看结果，如图 8-6 所示。

方法二：命令方式。

1）在“命令”窗口中输入 modify command P8_1_1 命令后按〈Enter〉键，建立 P8_1_1.prg 文件，如图 8-7 所示。

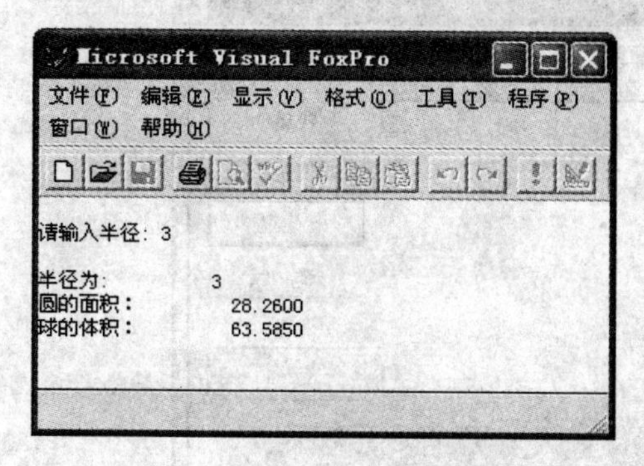

图 8-6　程序 P8_1_1 的运行结果示意图

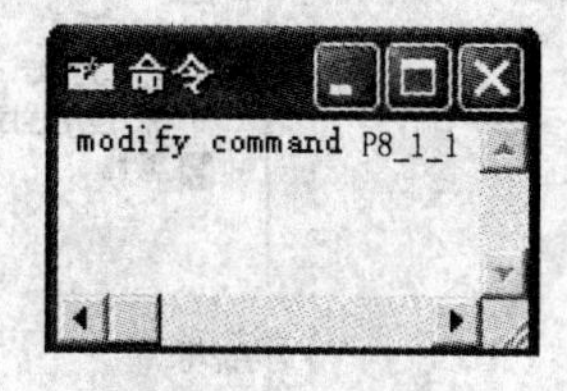

图 8-7　命令窗口

2）在程序窗口中输入如下代码：

```
CLEAR
INPUT "请输入半径: " TO R
S=3.14*R^2
V=3.14*R^3*4/3
? "半径为:",R
? "圆的面积：",S
? "球的体积：",V
```

3）单击“保存”按钮或按〈Ctrl〉+〈W〉组合键保存文件。

4）在“命令”窗口中输入 do p8_1_1 命令运行程序。

5）根据提示输入数据后按〈Enter〉键，查看结果，如图 8-6 所示。

方法三：利用文本处理软件编辑扩展名为.prg 的文本文件。例如，记事本、写字板等。

方法四：利用项目管理器。

1）选择“文件”→“新建”命令或单击“新建”按钮。

2）在“新建”对话框的“文件类型”中，选择“项目”。

3）在步骤 2 中单击“新建文件”按钮。

4）在“创建”对话框中输入项目名后，单击“保存”按钮，打开“项目管理器”窗口。

5）在“项目管理器”窗口中，打开“全部”选项卡，选中“代码”→“程序”，如图 8-8 所示。

6）单击“新建”按钮，打开程序编辑窗口。

7）在该编辑窗口中输入如下程序代码段：

```
CLEAR
INPUT "请输入半径: " TO R
S=3.14*R^2
V=3.14*R^3*4/3
```

```
? "半径为:",R
? "圆的面积：",S
? "球的体积：",V
```

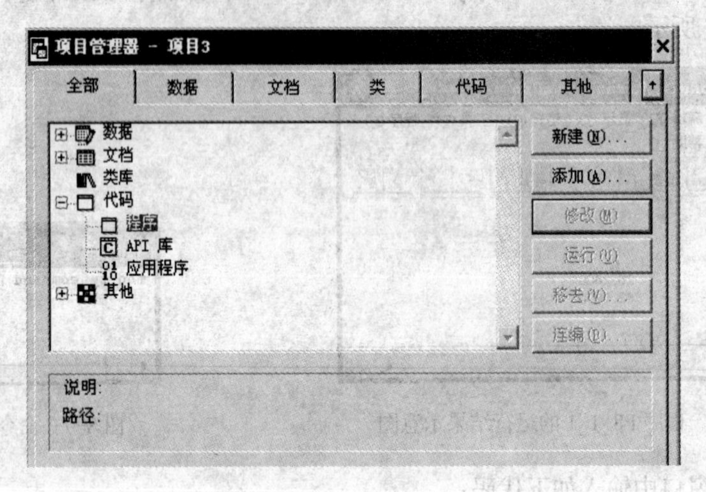

图 8-8 “项目管理器”窗口

8）保存程序 p8_1_1 后，关闭程序编辑窗口。

2．顺序结构程序设计——操作指导

（1）案例分析

本题要求根据条件来查询记录，显示记录，并进行相关运算。首先，打开“A 班学生信息”表，在“A 班学生信息”中查询“马大大”的学号并显示；然后打开“A 班成绩表”表，根据查询到的学号，在“A 班成绩表”中定位，显示记录并做相关运算；其中，条件定位语句可用 locate 命令；最后关闭表（程序的整体结构采用顺序结构）。

其操作步骤如下：

1）创建程序文件 P8_1_2.prg，在程序窗口中输入以下代码：

```
CLEAR
USE  a 班学生信息
ACCEPT "请输入姓名：  " TO XM
LOCATE FOR  姓名=XM
XH=学号
DISP
USE  a 班成绩表
LOCATE FOR  学号=XH
DISP
ZF=数学+英语+政治+计算机应用+电子技术
PJF=ZF/5
? xm,"的总分：",ZF
? xm,"的平均分：",PJF
```

2）运行程序，查看结果，如图 8-9 所示。

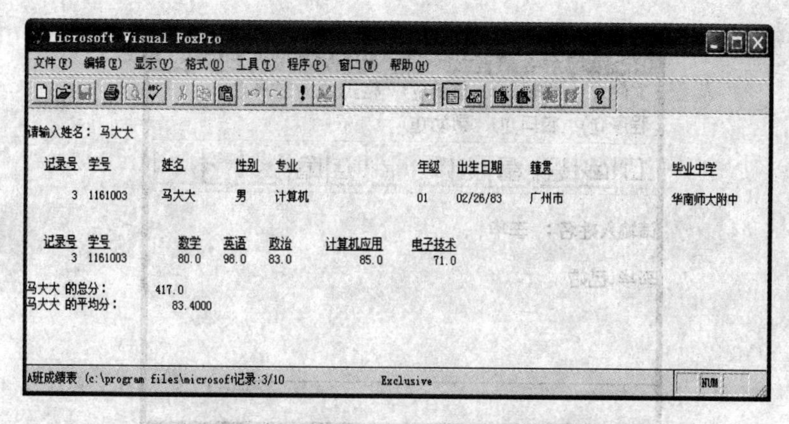

图 8-9　程序 P8_1_2 的运行结果示意图

（2）疑难解答

顺序结构是指按照程序语句的先后顺序逐条执行。它是程序结构设计中最常用、最简单、最基础的结构。该结构的特点表明语句排列的顺序就是命令的执行顺序，其间既没有分支跳转，也没有重复执行。其流程图如图 8-10 所示。

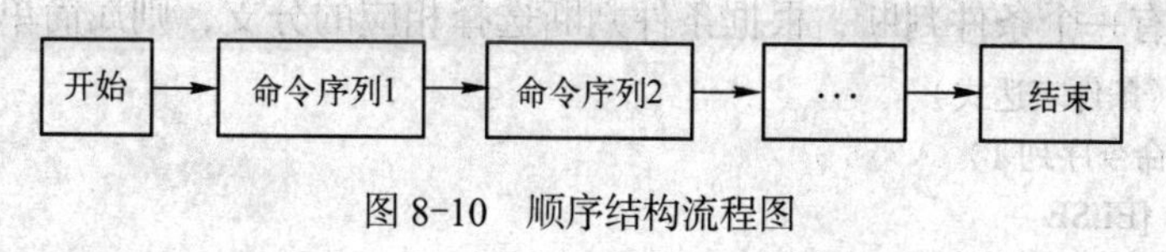

图 8-10　顺序结构流程图

说明： 在对表操作时，为避免在程序运行中找不到表的情况，最好先设置默认路径。

3. 分支结构程序设计 1——操作指导

（1）案例分析

本题要求任意输入教师姓名，判断并显示该教师是否已婚。程序的整体结构采用分支结构，使用 if…else…endif 语句。打开“教师信息表”，定位查找语句可用 locate 命令，最后关闭表。

其操作步骤如下：

1）创建程序文件 P8_1_3.prg，在程序窗口中输入以下代码：

```
CLEAR
USE 教师信息表
ACCEP "请输入姓名：  " TO A
LOCAT FOR 姓名=A
IF 婚否
    ? A,"已婚"
ELSE
    ? A,"未婚"
ENDIF
CLOS ALL
```

2）运行程序，查看结果，如图 8-11 所示。

图 8-11 程序 P8_1_3 的运行结果示意图

思考：以上程序有什么问题，当输入一个不存在的姓名时，会出现什么情况？

（2）疑难解答

如果程序只有一个条件判断，根据条件判断选择相应的分支，则属简单分支结构。

【格式】IF〈条件表达式〉
〈命令序列 1〉
[ELSE
〈命令序列 2〉]
ENDIF

【功能】根据条件表达式的值，选择命令执行的序列。其流程图如图 8-12 所示。

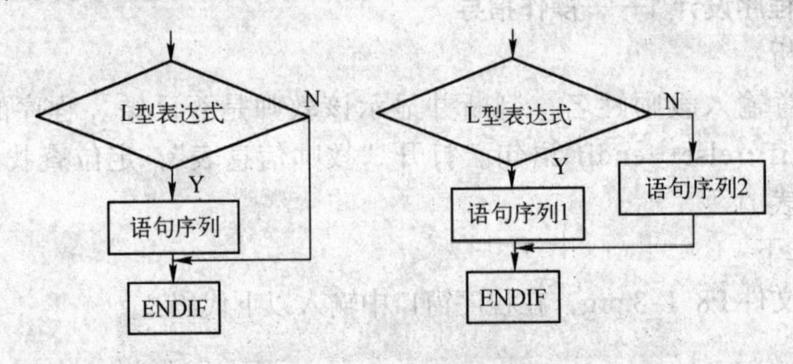

图 8-12 IF 分支结构流程图

4．分支结构程序设计 2——操作指导

（1）案例分析

本题要求根据输入的教师姓名，查找该教师的记录，若存在，则显示该教师的姓名、职称、婚否；否则，显示“查无此人”。定位查找命令用 locate 命令，有 found 函数与 locate 命令对应，即如果找到符合条件的记录，则 found()=.T.；否则，found()=.F.。所以可以用 found() 作为分支的条件，此程序可在 P3.prg 程序文件的基础上修改完成。

其操作步骤如下：

1）选择“文件”→“打开”命令或单击“打开”按钮，选择文件 p3.prg，如图 8-13 所示。

或在命令窗口中输入 modify command p3 后按〈Enter〉键，打开 p3.prg 文件。

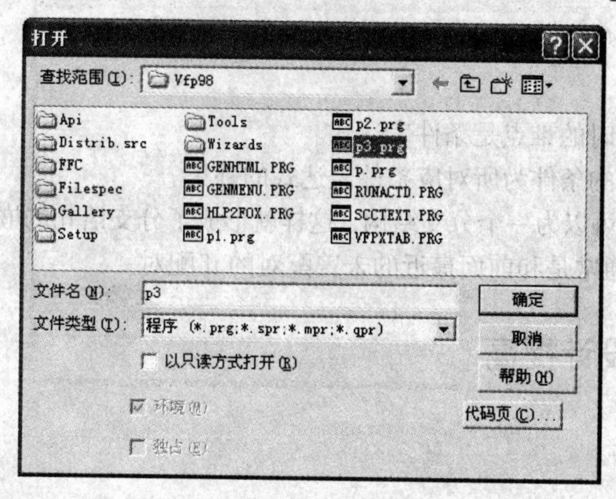

图 8-13 “打开”对话框

2）将 p3.prg 程序文件中的代码修改为如下代码：

```
CLEAR
USE 教师信息表
ACCEP "请输入姓名：  " TO A
LOCAT FOR 姓名=A
        IF not FOUND()
            ?"查无此人!"
        ELSE
        Disp 姓名,职称,婚否
            *或：? "姓名：", 姓名, "职称：",职称, "婚否：",婚否
        ENDIF
CLOSE ALL
```

3）将该文件另存为“p8_1_4.prg”的程序文件。

4）运行程序，查看结果，如图 8-14 所示。

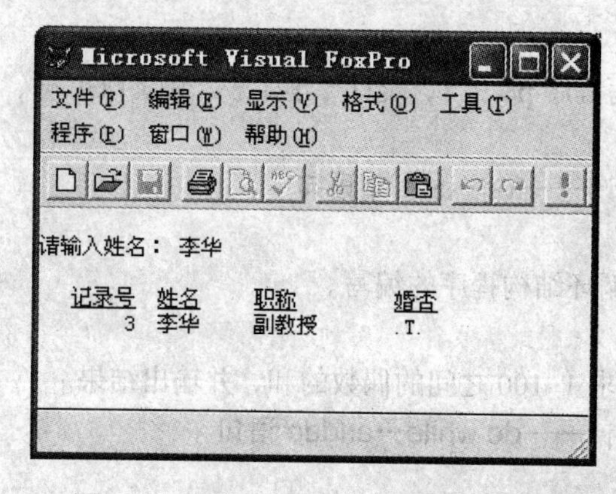

图 8-14 程序 P8_1_4 的运行结果示意图

说明：结构中 if 和 endif 必须成对出现，否则会弹出"缺少 if | else | endif 语句"的程序错误对话框。

（2）疑难解答

1）书写分支语句时的难点是条件表达式。

2）Else 本身隐含的条件为所对应条件表达式的补集。

3）语句组本身也可以为一个分支结构，这样就形成了分支语句的嵌套。在嵌套结构中一定要注意的是，Else 通常是和前面最近的未曾配对的 if 配对。

8.2 VFP 程序设计提高

实验目的

- 掌握分支结构的程序设计的基本方法（IF 语句/CASE 语句）。
- 掌握 3 种循环结构的程序设计的基本方法（FOR/WHILE/SCAN）。
- 学会使用过程，弄清变量的作用域。

实验要求

1）将服务器上的文件夹"data8-2"下载到本地盘（比如 E:\）。

2）打开其中的"8.2　答题文件.doc"文件，边做实验，边将各题的答案（所用的命令或运行结果等）记录在该文件中。实验完成后，将整个文件夹上传到你的"作业"文件夹中。

实验内容

1．多路分支结构程序设计——CASE 语句

（1）本题知识点

CASE 语句的使用，SCAN 语句的使用，分支结构程序的编写。

（2）本题的数据源

"学生表"。

（3）要求

使用 CASE 语句编写程序 p8_2_1，统计"学生表"中，汉、满、回、蒙 4 个民族的学生人数，并显示。

2．循环结构程序设计——for…endfor 语句

（1）本题知识点

FOR 语句的使用，循环结构程序的编写。

（2）要求

试编写程序 p8_2_2,求 1~100 之间的偶数的和，并输出结果。

3．循环结构程序设计——do while…enddo 语句

（1）本题知识点

do…while 语句的使用，循环结构程序的编写。

（2）要求

从键盘输入任意一个 3～50 之间的整数，打印如图 8-15 所示的图形（下三角形），文件名称为 p8_2_3。

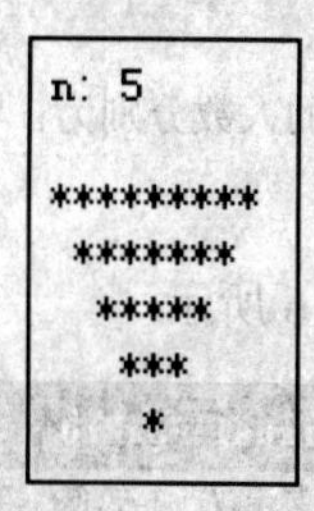

图 8-15　程序 P8_2_3 的运行效果

4．模块结构程序设计——子程序

（1）本题知识点

子程序的建立、调用与运行，变量传递。

（2）要求

编程计算 1/1!+1/2!+1/3!+…+1/5! 的程序 p8_2_4（其中，求阶乘在子程序 JC.PRG 中完成，结果在主程序中输出）。

5．模块结构程序设计——过程

（1）本题知识点

过程的创建与调用，变量的作用域。

（2）要求

用过程编写程序计算 1!+2!+3!+…+5!的值（过程文件名为“p8_2_5”，过程名为“JC2”）。

实验指导

1．多路分支结构程序设计——操作指导

（1）案例分析

本题要求分别统计“学生表”中满足不同条件的记录数，先要打开“学生表”，使用 scan 循环语句对表进行操作，将操作条件写在 scan 语句后，在循环体中统计符合条件的记录；分别用变量 A、B、C、D 来存储汉、满、回、蒙 4 个民族的学生人数。

其操作步骤如下：

1）创建程序文件 p8_2_1.prg，在程序窗口中输入代码：

```
STORE 0 TO A,B,C,D
USE  学生表
SCAN
        DO CASE
            CASE 民族="汉"
                A=A+1
            CASE 民族="满"
                B=B+1
            CASE 民族="回"
```

```
            C=C+1
        CASE 民族="蒙"
            D=D +1
    ENDCASE
ENDSCAN
    ? "汉族、满族、回族、蒙古族的人数分别为："
    ? A,B,C,D
```

2）运行程序，查看结果，如图 8-16 所示。

图 8-16　程序 P8_2_1 的运行结果示意图

（2）疑难解答

1）SCAN 语句是基于表的循环语句，专门对表中的记录进行操作，其功能是对表中指定范围内符合条件的记录逐个进行循环体语句规定的操作。

2）如果程序有多个条件判断，根据条件判断选择相应的分支，则属多分支结构。

【格式】DO CASE

```
        CASE〈L 型表达式 1〉
            〈命令序列 1〉
        CASE〈L 型表达式 2〉
            〈命令序列 2〉
                ...
        CASE〈L 型表达式 N〉
            〈命令序列 N〉
         [OTHERWISE
            <命令序列 N+1>]
        ENDCASE
```

【功能】依次判断逻辑表达式是否为真，若为真，则执行该条件下的命令序列。其流程图如图 8-17 所示。

2．循环结构程序设计——操作指导

案例分析

因为数已给定，不需要任何输入；用内存变量 S 来保存当前已经计算所得的和 S=2+4+…+I（I 为偶数，且为循环变量），前 I/2 个数的和 S+I 可再赋值给 S，即语句为 S=S+I，那么 I 的变化和 S=S+I 的操作要重复多次，这就需要用到循环语句。在此，我们选用 FOR 循环语句；取 I 和 S

的初值为 0，步长为 2，循环终止的条件是循环变量 I=100；循环中需要进行的操作是 S=S+I。

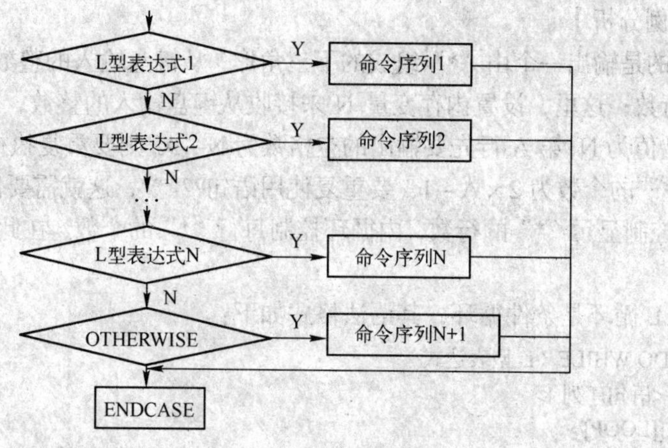

图 8-17　CASE 分支结构流程图

FOR 语句是步长型循环语句，其语法格式如下：

【格式】FOR〈内存变量〉=〈N 型表达式 1〉TO〈N 型表达式 2〉[STEP〈N 型表达式 3〉]

　　〈命令序列〉

　　ENDFOR/NEXT

【功能】以 N 型表达式 1 作为初值，按照 N 型表达式 3 的步长循环，直到内存变量的值超出 N 型表达式 2 为止。步长的默认值为 1。

其操作步骤如下：

1）创建程序文件 p8_2_2.prg，在程序窗口中输入如下代码：

```
CLEAR
STORE 0 TO S
FOR I=0 TO 100 STEP 2
    S=S+I
ENDFOR
? "1~100 之间的偶数求和 =",S
RETURN
```

2）运行程序，查看结果，如图 8-18 所示。

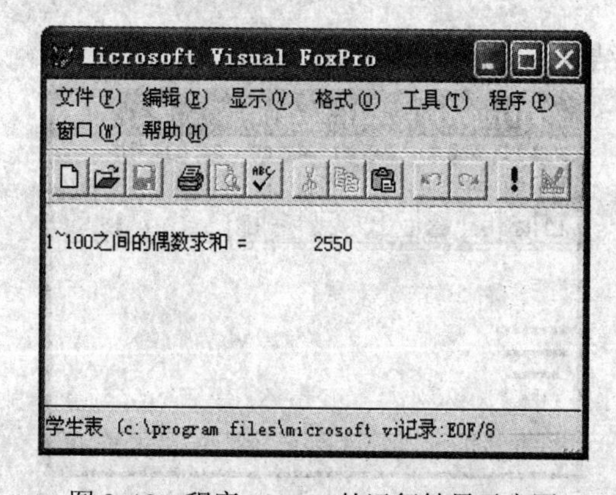

图 8-18　程序 P8_2_2 的运行结果示意图

3. 循环结构程序设计——操作指导

（1）【案例分析】

本题要求的是输出一个由“*”组成的下三角形，从键盘输入的整数，即为输出的下三角形中“*”的行数；这里，设置内存变量 N 来接收从键盘输入的整数；内存变量 A 来表示第 A 行，A 的初始值为 N；第 A 行先要输出的空格数为 N－A，则要重复执行语句? SPACE(N-A)，随后要输出“*”的个数为 2×A－1，要重复使用语句?? "*"，这就需要使用嵌套的循环结构。其中，外循环控制显示“*”的行数，内循环控制每行“*”的个数，在此我们选择 DO WHILE 循环。

DO WHILE 循环是条件循环，其语法格式如下：

【格式】DO WHILE〈L 型表达式〉

```
        <语句序列 1>
        [[LOOP]
        <语句序列 2>
         [EXIT]
        <语句序列 3>]
         ENDDO
```

【功能】当 L 型表达式为真时，反复执行循环体，直到 L 型表达式为假时退出循环。

其操作步骤如下：

1）创建程序文件 p8_2_3.prg，在程序窗口中输入如下代码：

```
CLEAR
INPUT " N: " TO N
A=N
DO WHILE A >=1
        ? SPACE(N-A)            &&输出空格
        B=1                     &&变量 B 记录每行输出的“*”的个数
        DO WHILE B<=2*A-1
            ?? "*"
            B=B+1
        ENDDO
        A=A-1
ENDDO
RETURN
```

2）运行程序，查看结果，如图 8-19 所示。

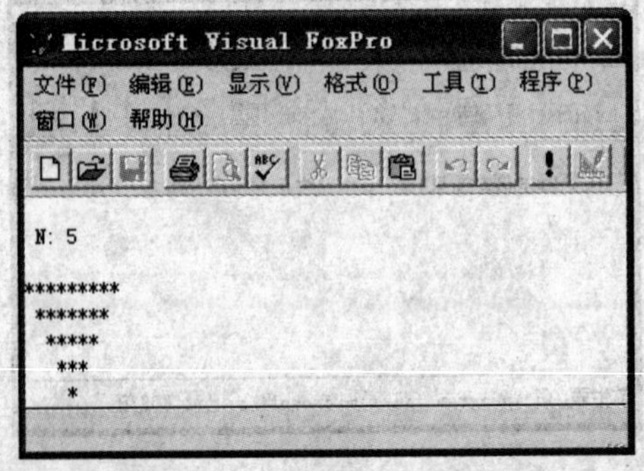

图 8-19　程序 P8_2_3 的运行结果示意图

（2）疑难解答

1）FOR 循环语句用于循环次数事先能够确定的情况，执行一定次数后即可结束循环。

2）DO WHILE 循环语句用于不知道循环次数，但可以用一个条件来进行判断是否结束。所以对于循环次数有限，且可以用一个条件来进行限制的情况，使用 DO WHILE 循环语句比较灵活。

3）对于循环次数一定，步长相同的循环操作，用 FOR 循环语句比较清晰。

4）要对表中的记录进行循环操作，用 SCAN 语句比较简洁，它会自动移动记录指针。其语法格式如下：

【格式】SCAN [〈范围〉][FOR/WHILE〈条件〉]

〈命令序列〉

ENDSCAN

【功能】逐个扫描当前打开的表中满足条件的记录。

4．模块结构程序设计——操作指导

（1）案例分析

公式中出现了阶乘 1!、2!、…、5!，如果不采用子程序或过程的方法，程序中将重复出现 5 次求阶乘的程序段，所以可以把计算阶乘的功能独立起来，成为一个子程序或过程。这里，我们采用子程序的方法，子程序名为 JC.prg，同时子程序中必须有接收参数的语句（即 PARA 语句），子程序中每次计算阶乘的值需要通过变量传递，以便其返回主程序时继续参与其他计算。

其操作步骤如下：

1）创建子程序，方法与程序文件的创建相同。

2）在程序窗口中输入如下代码：

```
PARA N,S
S=1
FOR I=1 TO N
    S=S*I
ENDFOR
RETURN
```

3）将子程序保存到磁盘（方法与保存程序文件一样），名称为 JC.prg。

4）创建主程序，并在主程序中调用子程序，其代码如下：

```
CLEAR
STORE 0 TO K,P
N=5
FOR I=1 TO N
  DO JC WITH I,P
  K=K+1/P
ENDFOR
? "K =",K
RETURN
```

5）保存主程序，名称为 p8_2_4.prg。

6）运行主程序，查看结果，如图 8-20 所示。

图 8-20 程序 P8_2_4 的运行结果示意图

（2）疑难解答

1）相关命令格式。

● 建立子程序命令格式：MODIFY COMMAND〈子程序名〉

● 子程序返回命令格式：[RETURN [TO MASTER]]

● 调用子程序命令格式：DO <子程序名>

【说明】DO 命令既可以运行程序，也可以调用子程序。在调用子程序时，既可以调用无参数的子程序，又可以调用带参数的子程序。这时，DO 命令必须带功能子句 WITH<实参表>，而子程序则必须包含参数定义命令 PARAMETERS。

● 参数定义命令格式：PARAMETERS <形参表>

【功能】用于定义程序中的形参。

● 参数传递命令格式：DO <程序名> WITH <实参表>

【功能】运行程序，并传递参数值。

【说明】形参是在程序中尚未赋值的内存变量名，实参是在程序运行时传送给形参的内存变量值。形参的数目不能少于实参的数目，否则系统运行时将出错；如果形参的数目多于实参的数目，则多余的形参取初值逻辑假.F.。

2）子程序返回示意图（见图 8-21）。

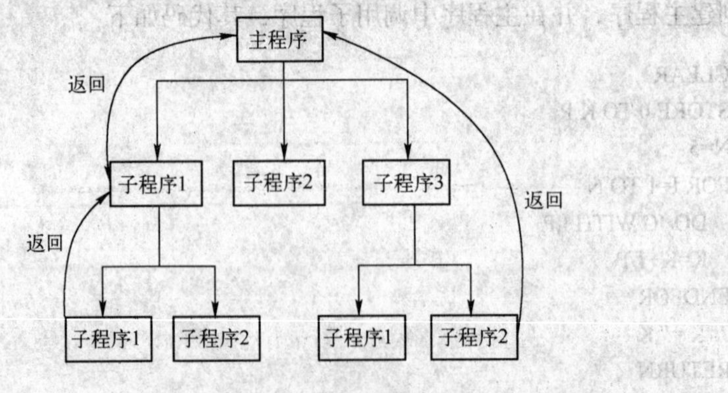

图 8-21 子程序返回示意图

5．模块结构程序设计——操作指导

（1）案例分析

公式中出现了阶乘 1!、2!、…、5!，如果不采用子程序或过程的方法，程序中将重复出现 5 次求阶乘的程序段，所以可以把计算阶乘的功能独立起来，成为一个子程序或过程。这里，我们采用过程的方法，过程名为 JC2，同时过程中必须有接收参数的语句（即 PARA 语句），过程中每次计算阶乘的值需要通过变量传递，以便其返回主程序时继续参与其他计算。

其操作步骤如下：

1）创建程序文件 p8_2_5.prg。

2）在程序窗口中输入如下代码。

```
SET PROC TO P9
CLEAR
STORE 0 TO K,P
FOR I=1 TO 5
  DO JC2   WITH I,P
  K=K+P
ENDFOR
? "1!+2!+3!+…+5! =",K
RETURN
PROC JC2
PARA N,S
S=1
FOR I=1 TO N
    S=S*I
ENDFOR
RETURN
```

3）保存程序。

4）运行程序，查看结果，如图 8-22 所示。

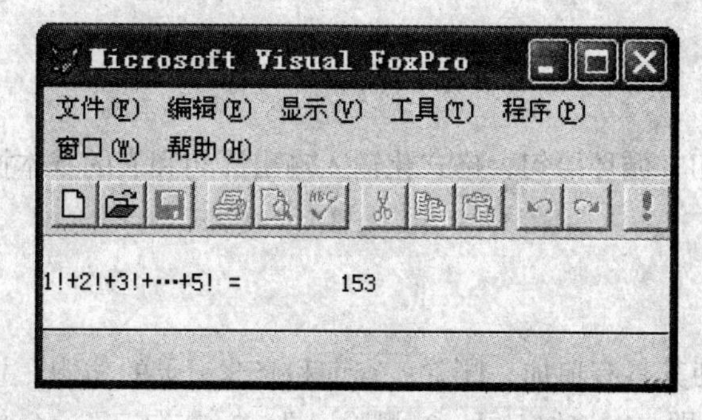

图 8-22　程序 P8_2_5 的运行结果示意图

（2）疑难解答

1）过程文件中每个过程必须以 PROCEDURE 语句开头。

【命令格式】PROCEDURE〈过程名〉

〈命令序列〉
[RETURN [TO MASTER]]

2）调用过程的语法格式：

DO <过程名> [WITH <参数 1，参数 2，…>]

3）过程文件的打开命令格式：SET　PROC　TO <过程名>

4）过程文件的关闭命令格式：

【命令格式 1】 SET PROCEDURE TO

【命令格式 2】 CLOSE PROCEDURE

5）子程序与过程的区别：

- 当子程序不被其他程序调用时，是一个独立而完整的程序，所以在调用子程序时通常不带参数，带参模块一般由过程来实现。
- 过程是按照一定的格式定义的程序模块，不能够独立运行，必须被调用才能实现其功能，其所在的文件称为过程文件。

8.3　VFP 程序设计综合应用

实验目的

熟练掌握各种程序设计的方法，提高综合应用能力。

实验要求

1）将服务器上的文件夹“data8-3”下载到本地盘如 E:\。

2）打开“8.3　答题文件.doc”文件，边做实验，边将各题的答案（所用的命令或运行结果等）记录在该文件中。实验完成后将整个文件夹上传到“作业”文件夹中。

实验内容

1．综合应用一

（1）本题知识点

子程序、分支语句、循环语句、格式化输入输出语句和表的基本操作。

（2）本题数据源

“学生”。

（3）要求

设计一个程序，使其具有追加、删除、查询和修改记录的功能，并能根据不同的输入值选择执行不同的功能，即“1--追加记录　2--删除记录　3--查询记录　4--修改记录　--退出”（程序名为 8_3_1.PRG）。

2．综合应用二

（1）本题知识点循环语句的嵌套、数组。

（2）要求

随机产生 8 个互不相同的两位正整数，然后求出这 8 个数的最大值和平均值，最后在屏幕上显示出这些最大值和平均值（程序名为 8_3_2.PRG）。

实验指导

1. 综合应用一——操作指导

（1）案例分析

该程序设计的基本思路是“自顶向下，逐步细化”，即将一个大型程序分解为若干功能模块，将每一功能模块编制成小程序，这些小程序可以是子程序或过程，在主程序中可随时调用各功能模块。这种程序设计方式称为模块化程序设计。本题要求根据不同的值来调用不同的功能，所以将不同的功能分别用不同的子程序来完成，采用多路分支语句来调用不同的子程序；程序简单易懂，结构清楚明了。

其操作步骤如下：

1）创建程序文件 p8_3_1.prg，在程序窗口中输入如下代码：

```
SET TALK OFF
CLEAR
@2,13 TO 7,45
@3,15 SAY "表操作菜单"
@4,15 SAY "1--追加记录   2--删除记录"
@5,15 SAY "3--查询记录   4--修改记录"
@6,15 SAY "0--退出"
DO WHILE .T.
    INPU "请选择(0--4)" TO SEL
    DO CASE
        CASE SEL=1
                DO ZJ
        CASE SEL=2
                DO SC
        CASE SEL=3
                DO CX
        CASE SEL=4
                DO XG
        CASE SEL=0
        EXIT
        OTHERWISE
        ?"选择错误,请重选"
    ENDCASE
ENDDO
```

2）创建查询记录子程序 CX.PRG，在程序窗口中输入如下代码：

```
USE 学生
ACCEPT "请输入要查找的姓名:" TO XM
LOCATE FOR 姓名=XM
DO WHILE NOT EOF()
```

```
        DISPLAY
        WAIT
        CONTINUE
    ENDDO
```

3）保存子程序。

4）创建追加记录子程序 ZJ.prg，在程序窗口中输入如下代码：

```
USE 学生
INPUT "输入要插入的记录号:" TO NREC
GOTO NREC
INSERT BEFO
WAIT
```

5）保存子程序。

6）创建删除记录子程序 SC.prg，在程序窗口中输入如下代码：

```
USE 学生
INPUT "输入要删除的记录号:" TO NREC
DELETE 序号=NREC
WAIT
```

7）保存子程序。

8）创建修改记录子程序 XG.prg，在程序窗口中输入如下代码：

```
USE 学生
BROWSE
WAIT
```

9）保存子程序。

10）运行主程序 p8_3_1，查看运行结果，如图 8-23 所示。

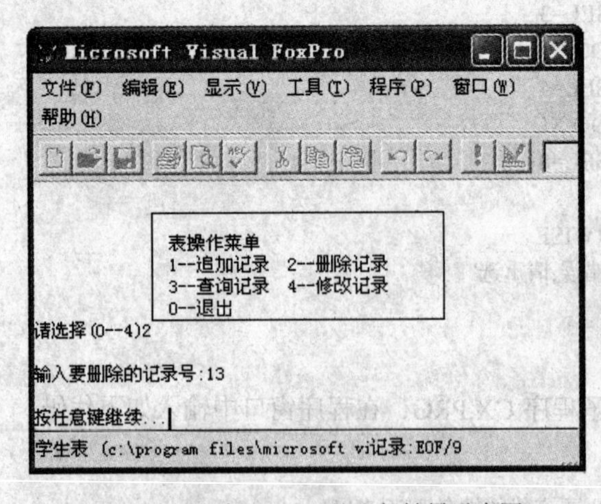

图 8-23　程序 P8_3_1 的运行结果示意图

(2) 疑难解答

1) 格式化输入输出命令。当用户用 STORE/ACCEPT/INPUT/WAIT 或用?/??/LIST/DISPLAY 输出数据时，其数据的显示位置是系统默认的屏幕位置。如果要在屏幕的指定位置上显示输入输出的信息，需要用格式化输入输出命令。

【命令格式】@<行,列>[SAY<表达式 1>][GET<变量名>][DEFAULT<表达式 2>]

【功能】在指定的行和列输入输出表达式的值。

【说明】

- @<行,列>清除屏幕指定行指定列到最后列的字符。
- @<行,列> TO <行,列>在屏幕的指定位置画一矩形方框。
- @<行,列>SAY<表达式>按屏幕指定行指定列输出数据。
- @<行,列>GET<变量名>按屏幕指定行指定列输入及编辑数据。其中，GET 子句中的变量必须具有初值，或用 DEFAULT〈表达式〉指定初值。
- GET 子句的变量必须用 READ 激活后，才能修改。

2) 表的基本操作命令。

- 记录的追加。

  【命令格式】APPEND [BLANK]
- 记录的插入。

  【命令格式】INSERT [BLANK][BEFORE]
- 浏览显示。

  【命令格式】BROWSE [FIELDS 字段表][FOR 条件]

  【说明】此命令的结果以浏览窗口的形式出现，具有修改功能。
- 显示输出。

  【命令格式】LIST|DISPLAY [OFF] [<范围>] [FIELDS] <表达式表> [WHILE <条件>]

  [FOR <条件>] [TO PRINT|TO FILE <文件>]
- 删除记录。

  逻辑删除：

  【命令格式】DELETE [范围][FOR 条件]

  【说明】并不将记录从表中删除，只是打上删除标记。

  物理删除：

  【命令格式】 PACK

  【说明】删除有删除标记的记录。

  直接彻底删除表中所有记录：

  【命令格式】ZAP

3) WAIT 命令

【命令格式】WAIT[〈C 型表达式〉TO〈内存变量〉]

【功能】停止程序运行，直到用户输入任何一个字符再继续运行。

【说明】若缺省提示信息，则系统自动显示提示信息“按任意键继续…”。

2．综合应用二——操作指导

（1）案例分析

随机数的产生用随机函数 RAND 来实现，要产生 8 个随机数，则要重复调用随机函数 8 次，因此需要使用循环语句，并采用数组变量来存放这 8 个数。

其操作步骤如下：

1）创建程序文件 p8_3_2.prg。

2）在程序窗口中输入如下代码：

```
SET TALK OFF
CLEAR
DIMENSION A(8) * 定义数组 A
N=0
P=10
S=0
DO WHILE N<8
  YES=.T.
  * 下面的 DO WHILE 循环语句用于产生一个符合要求的两位正整数
  DO WHILE YES
    X=INT(10+90*RAND())
    YES=.F.
    FOR K=1 TO N
      IF X=A(K)
        YES=.T.
        EXIT
      ENDIF
    ENDFOR
  ENDDO
  N=N+1
  ? STR(N,2)+":",X
  A(N)=X
  S=S+X
  IF P<A(N)
    P=A(N)
  ENDIF
ENDDO
? S/8,P
SET TALK ON
RETURN
```

3）运行程序，查看结果，如图 8-24 所示。

（2）疑难解答

1）数组变量。

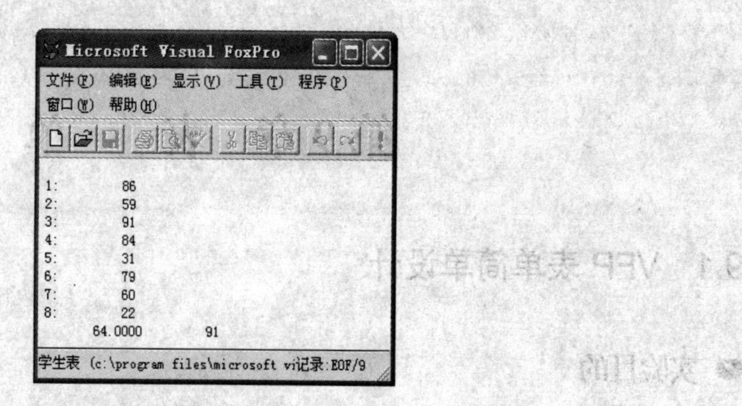

图 8-24　程序 P8_3_2 的运行结果示意图

【命令格式】DIMENSION 数组名（行下标[,列下标]）

2）随机函数。

【命令格式】RAND()

【说明】产生一个（0，1）之间的随机数。

第9章 表　　单

9.1 VFP 表单简单设计

实验目的

- 了解面向对象的程序设计方法。
- 掌握简单表单设计的方法。
- 掌握基本控件：标签、文本框、命令按钮和计时器，的使用方法。
- 简单代码的编写、属性的设置。
- 掌握密码输入及验证（MessageBox 的简单使用）。

实验要求

1）将服务器上的文件夹“data9-1”下载到本地盘如 E:\。

2）打开其中的“9.1　答题文件.doc”文件，边做实验，边将各题的答案（所用的命令或运行结果等）记录在该文件中。实验完成后将整个文件夹上传到“作业”文件夹中。

实验内容

1. 使用“向导”建立表单

（1）本题知识点

使用表单向导，简单的布局调整，设置属性（表单自动居中）。

（2）本题数据源

A 班学生信息.dbf。

（3）要求

1）使用向导建立表单“学生信息表”，表单名和标题皆为“学生信息表”。

2）样式采用“阴影式”，表单自动居中显示。

3）适当调整布局，如图 9–1 所示。

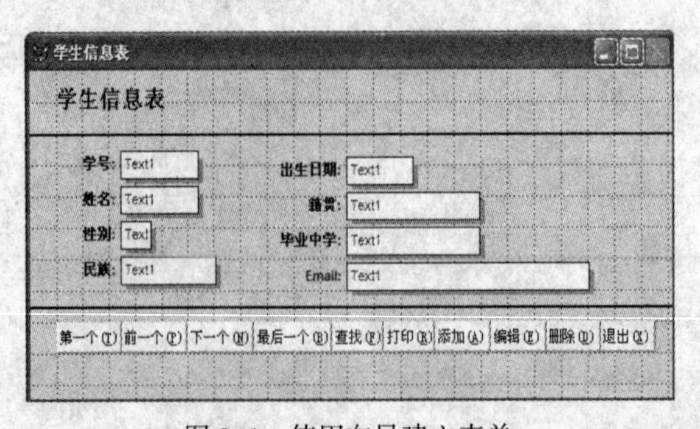

图 9–1　使用向导建立表单

2. 使用“表单设计器”建立表单

（1）本题知识点

使用表单设计器，对控件标签的使用，属性字体、字号、颜色和对齐的设置；命令按钮的使用，简单的方法程序编写。

（2）要求

（1）表单名为“进入系统”。

（2）建立标签，内容为“欢迎使用本系统”，黄底、红字、24号隶书，水平居中。

（3）建立命令按钮，标题为“进入”，如图9–2所示。

（4）对命令按钮进行功能设置，单击该按钮，就可以打开上题建立的表单“学生信息表”，并关闭本表单。

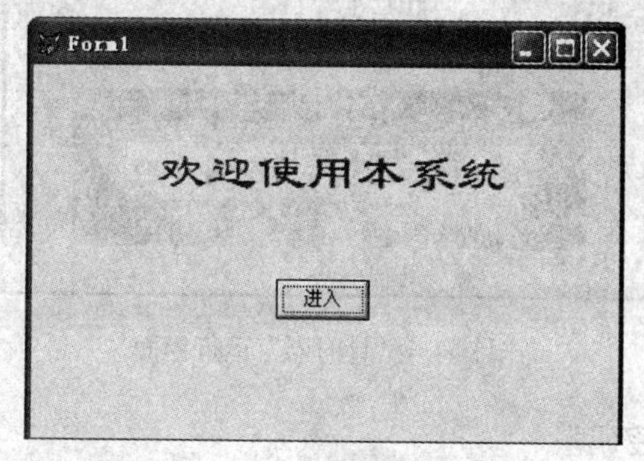

图9–2　“进入系统”运行界面

3. 设计表单“教师表”

（1）本题知识点

数据环境设置，布局调整，命令按钮的进一步使用，方法程序的编写。

（2）本题数据源

教师信息表.dbf。

（3）要求

1）建立名为“教师表”的表单。

2）包含如图9–3所示的5个按钮，实现向前后翻阅记录、跳转到头、到尾及关闭表单的功能。

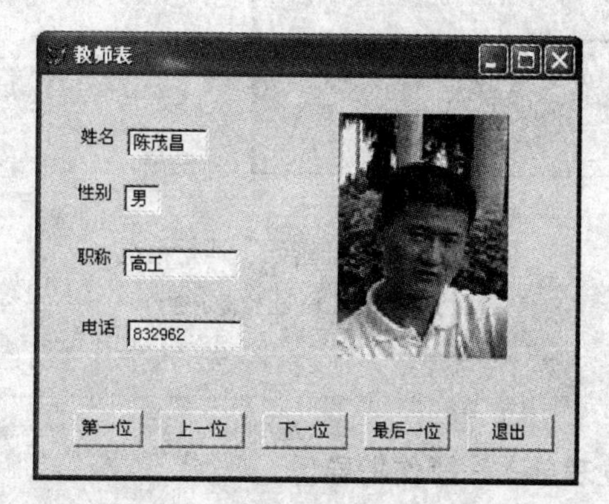

图9–3　“进入系统”运行界面

（3）照片的大小为 155cm × 195cm。

4．建立表单“计时器”

（1）本题知识点

文本框、图片、计时器控件的使用。

（2）要求

1）时间在文本框中动态显示，属性为 20 号，黄底，蓝字，大小为 40cm × 150cm。

2）插入图画“瀑布”（或其他图片），大小为 120cm × 400cm。

3）图画显示方式为“变比填充”（即 Stretch 设置为 2）。

图 9-4 “计时器”运行界面

5．建立表单“验证密码”

（1）本题知识点

文本框的 PasswordChar 属性及简单 MessageBox 的使用。

（2）要求

1）表单名和标题皆为“验证密码”。

2）表单中包含一个标签（内容为“请输入密码：”），一个命令按钮（标题为“确定”），以及一个文本框。

3）编写方法程序。输入密码时，显示为*。单击“确定”按钮，则验证密码（密码设为 12345），如果正确，则显示“欢迎进入本系统!”；否则，弹出如图 9-5b 所示的信息框。

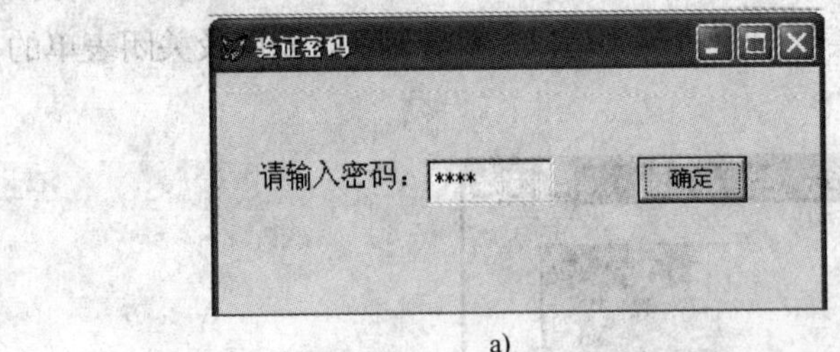

a)

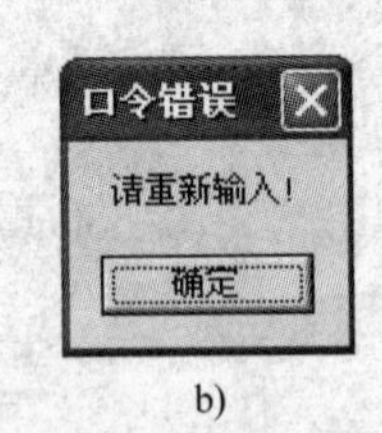

b)

图 9-5 “验证密码”运行情况

a) 运行界面 b) 出错提示窗口

实验指导

1．使用“向导”建立表单——操作指导

表单的 3 个名称分别介绍如下：

● 表单名：一般是指保存在硬盘中的文件名，保存时，如果我们指定一个名称为“学生信息表”，则会自动产生两个文件，即学生信息表.scx 和学生信息表.sct，用来保存文件。

● 表单标题：在属性 capition 中设置，用来显示标题。

● 表单 name：在属性 name 中设置，用来做内部编程时引用。

题目要求：

1）使用向导建立表单“学生信息表”，表单名和标题皆为“学生信息表”。

2）样式采用“阴影式”,表单自动居中显示，适当调整布局，如图 9-1 所示。

其操作步骤如下：

1）选择“文件”→“新建”→“表单”命令，单击“向导”按钮，选择“表单向导”命令。

2）在“表单向导”对话框中，单击“…”按钮，选择数据源“A 班学生信息.dbf”，并选择该表所有字段，单击“下一步”按钮。

3）在步骤 2 中选择“阴影式”。

4）在步骤 3 中直接单击“下一步”按钮。

5）在步骤 4 中输入标题“学生信息表”，再单击“完成”按钮，在“另存为”对话框中输入表单名“学生信息表”。

6）对表单“学生信息表”进行简单编辑。

要将表单中 8 个字段信息分为两栏，只要将下面 4 个字段信息移动到右侧空白处即可。操作方法：首先用鼠标沿着下面 4 个字段对角线方向拉出一个矩形，就可以同时选中该范围的所有对象，然后再将它们拖到右侧（只要将鼠标指向任一对象就可以拖动），最后调整横线和命令按钮组到适当位置。

7）使用向导建立的表单会自动居中显示，不用设置。

说明：*表单自动居中显示只要将属性 autucenter 设置为真即可。*

2. 使用“表单设计器”建立表单——操作指导

题目要求：

1）表单名为“进入系统”,包含一个标签“欢迎使用本系统”，黄底、红字、24 号隶书，水平居中；一个命令按钮，标题为“进入”;

2）对命令按钮进行功能设置，单击该按钮，就可以打开上题建立的表单“学生信息表”，并关闭本表单。

其操作步骤如下：

1）选择“文件”→“新建”→“表单”命令，单击“新建文件”按钮。

2）在表单设计器中，添加标签 label1，可以拖动边界改变大小。

3）对 label1 的各种属性设置如下：

● Caption 属性中输入“欢迎使用本系统”

● BackColor 属性中选择“黄色”（背景色）。

● ForeColor 属性中选择“红色”（前景色）。

● FontSize 属性中选择 24（字号）。

- FontName 属性中选择“隶书”。
- Alignment 属性中选择“2-中央”。

4）添加命令按钮 Command1,并进行如下设置。

- Caption 属性中输入“进入”。
- Click 事件中输入代码程序（双击该按钮，进入代码输入对话框）。

```
THISFORM.RELEASE
DO FORM 学生信息表
```

3. 设计表单“教师表”——操作指导

题目要求：

1）建立名为“教师表”的表单。

2）包含 5 个按钮，实现向前后翻阅记录、跳转到头、到尾和关闭表单的功能。

3）照片的大小为 155cm × 195cm。

其操作步骤如下：

1）选择“文件”→“新建”→“表单”命令，单击“新建文件”按钮。

2）在“表单设计器”中，在表单 Form1 的 Caption 属性中输入“教师表”。

3）调出“数据环境设计器”有两种方法，选择“显示”→“数据环境”命令，或者右击选择“数据环境”命令。然后将数据源“教师信息表”添加到其中，如图 9-6 所示。

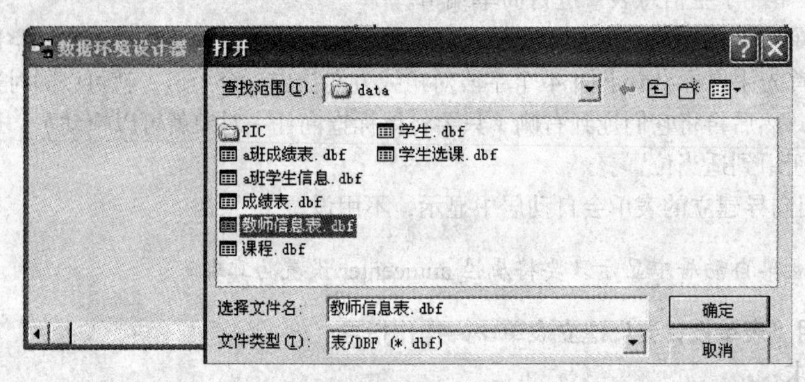

图 9-6　为表单添加数据环境

4）在“数据环境设计器”中，将所需字段拖到表单中，并调整好大小、距离，其中照片的宽度（width 属性）为 155cm，高度（height 属性）为 195cm。

5）添加 5 个命令按钮（Command1～Command 5），并将各自的 Caption 属性按图 9-3 所示的输入文字。

6）5 个命令按钮，各自的 Click 代码程序如下：

Command1（第一位）：

```
GO TOP
THISFORM.REFRESH                && 刷新记录
```

Command2（上一位）：

```
IF !BOF()                       && 是否到文件头
 SKIP -1
```

```
    THISFORM.REFRESH
    ENDIF
Command3（下一位）:
    IF !EOF()                          && 是否到文件尾
     SKIP
    THISFORM.REFRESH
    ENDIF
Command4（最后一位）:
    GO BOTTOM
    THISFORM.REFRESH
Command5（退出）:
    THISFORM.RELEASE
```

4．建立表单“计时器”——操作指导

“计时器”控件不能单独使用，必须与表单、容器类或者控件类一同使用。

1）计时器最基本的属性是 Interval。该属性值用来指定当时钟启动时，每隔多少毫秒便去调用一次计时事件（Timer）。当计时器的 Enabled 属性值为.T.，而 Interval 属性值非 0 时，时钟被启动。

2）其最基本的事件是 Timer（计时事件）。用户可把每隔一段时间便想重复执行的操作代码放置于该事件中。

如果在表单打开时就启动计时器，要定义 Enabled 属性值为.T.；如果定义 Enabled 属性值为.F.时，可以通过“命令按钮”控件，在它的 Click 事件中启动计时器。

题目要求：

1）时间在文本框中动态显示，属性为 20 号，黄底，蓝字，大小为 40cm × 150cm。

2）插入图画“瀑布”（或其他图片），大小为 120cm × 400cm。

3）图画显示方式为“变比填充”（即 Stretch 设置为 2）。

其操作步骤如下：

1）选择“文件”→“新建”→“表单”命令，单击“新建文件”按钮。

2）在表单中，添加控件文本框（text1），并对其设置如下属性。

- BackColor 属性中选择“黄色”（背景色）。
- ForeColor 属性中选择“蓝色”（前景色）。
- FontSize 属性中选择 20（字号）。
- Width 属性中输入 150。
- Height 属性中输入 40。

3）在表单中，添加控件图像（Image1），并对其设置如下属性。

- Width 属性中选择 400。
- Height 属性中选择 120。
- Picture 属性中，单击右侧的“…”按钮，在弹出的“打开”对话框中选择所需图片文件，如图 9-7 所示。

4）在表单中，添加控件计时器，并对其设置如下属性。

- Enabled 属性中选择.T. （可用的）。

● Interval 属性中输入 5。

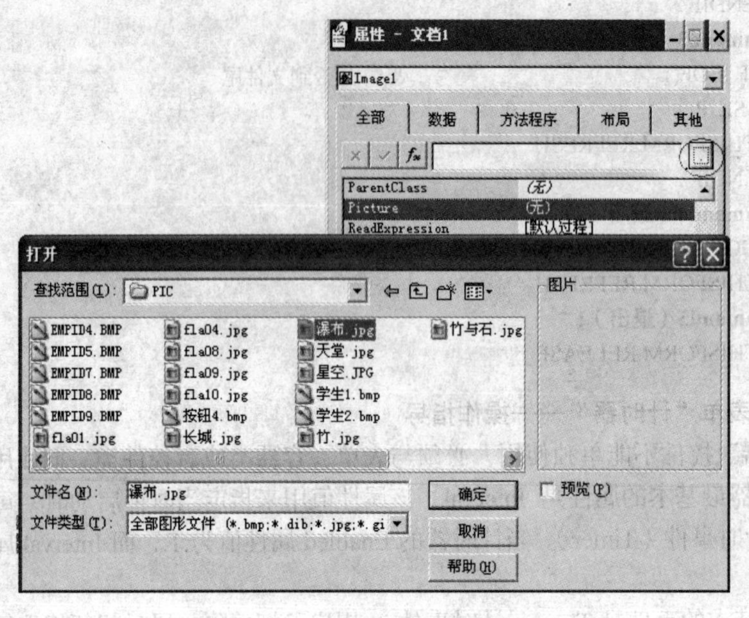

图 9-7　为图像控件选择图片

说明：Interval 只要是一个非 0 值即可，它表示每隔 n 毫秒执行一次所定的操作。

5）在 timer1 的 timer 事件中的程序代码如下。

```
Thisform.Text1.Value=Time()        && Time 函数为系统时间（时、分、秒）
```

5. 建立表单“验证密码”——操作指导

题目要求：

1）表单名和标题皆为“验证密码”。

2）表单中包含一个标签（内容“请输入密码:”），一个命令按钮（标题为“确定”），以及一个文本框。

3）编写方法程序。输入密码时，显示为*。单击“确定”按钮，则验证密码（密码设为 12345），如果正确，则显示“欢迎进入本系统!”；否则，弹出如图 9-5b 所示的信息框。

其操作步骤如下：

1）选择“文件”→“新建”→“表单”命令，单击“新建文件”按钮。

2）在表单中，添加控件标签（label1），在其 caption 属性中输入“请输入密码”。

3）添加控件文本框（text1），将其 passwordchar 属性设置为*。

4）添加控件命令按钮（command1），在其 caption 属性中输入“确定”。

5）在命令按钮的 click 事件中编写如下方法程序。

```
IF THISFORM.TEXT1.VALUE<>"12345"
    MESSAGEBOX("请重新输入!","口令错误")          && 弹出出错信息提示框
    THISFORM.TEXT1.VALUE=""                       && 清空文本框
    THISFORM.TEXT1.SETFOCUS                       && 焦点回到文本框
```

```
ELSE
    MESSAGEBOX("欢迎进入本系统!")
    RELEASE THISFORM
ENDIF
```

9.2　VFP 表单高级设计

实验目的

- 掌握控件，如选项按钮、微调按钮、复选框和组合框的使用方法。
- 表格与数据表的绑定，容器等的使用。

实验要求

1）将服务器上的文件夹“data9-2”下载到本地盘如 E:\。

2）打开其中的“9.2　答题文件.doc”文件，边做实验，边将各题的答案（所用的命令或运行结果等）记录在该文件中。实验完成后将整个文件夹上传到“作业”文件夹中。

实验内容

1. 设计表单“字体字形”

（1）本题知识点

选项按钮组、复选按钮、微调按钮控件的使用，相应方法程序的编写。

（2）要求

1）能够通过选项按钮组（间距 24）来设置标签控件中的字体。

2）通过复选按钮改变字形（加粗、倾斜）。

3）通过微调控件改变字号，微调控件的最大值为 36 磅，最小值为 9，初值为 17（见图 9-8），每次单击微调控件的上下箭头时，数量增加或减少 2。

图 9-8　表单“字体字形”运行界面

2. 设计表单“显示表格”

（1）本题知识点

表格与数据表的绑定。

（2）本题数据源

学生.dbf。

（3）要求

1）建立一个名称为“显示表格.scx”的表单。该表单上有一个表格和两个命令按钮。

2）运行表单时，只显示两个按钮，如图 9–9 所示。若单击显示文字为“显示表格”的按钮，则在表格中显示出每个学生的学号、姓名、入学成绩和毕业中学，如图 9–10 所示；若单击“退出”按钮，则在关闭了数据表后关闭表单。

图 9–9　初始界面

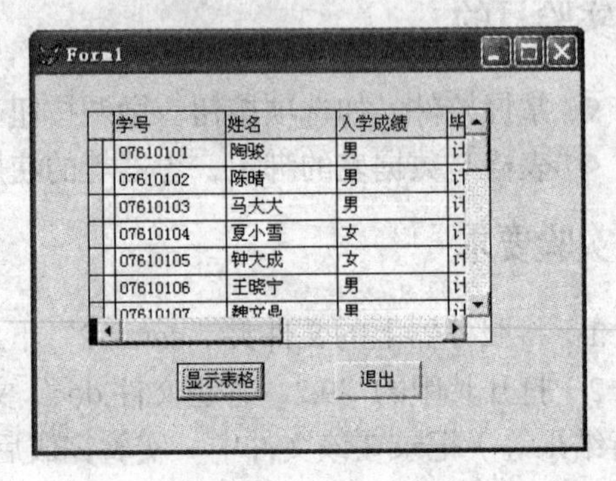

图 9–10　显示表格

3．设计表单“按姓名查询”

（1）本题知识点

组合框控件的使用，组合框与字段的绑定，相应方法程序的编写。

（2）本题数据源

教师信息表.dbf。

（3）要求

1）建立一个名称为“按姓名查询.scx”的表单。

2）在表单中添加标签 label1，标题为“请选择教师姓名:”。

3）添加组合框 Combo1；要求从下拉列表中选择姓名，然后显示该教师的信息（包括姓名、性别、职称、工作日期和照片）。

4）要求表单的初始界面（见图 9–11）只显示标签和组合框，当选择了教师姓名后，再显示相应的信息，如图 9–12 所示。

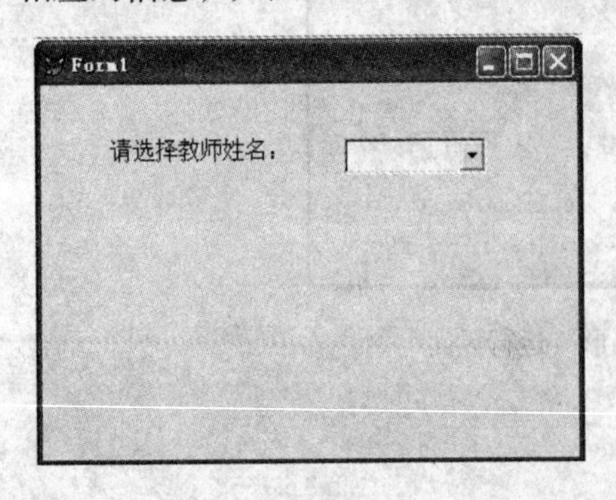

图 9–11　初始界面

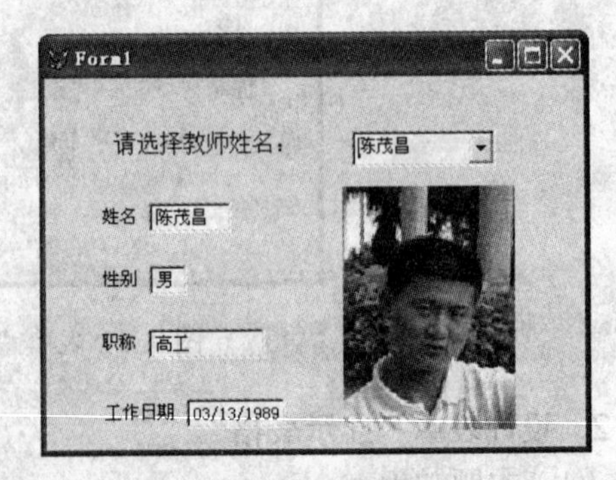

图 9–12　查询界面

4．设计表单“容器应用”

（1）本题知识点

按钮、容器、计时器的应用，文本框内容的动态显示，相应方法程序的编写。

（2）要求

1）文本框中的文字内容为“热烈欢迎”，红色，26号，隶书。

2）文字在容器中从左至右移动，当抵达右边界时，重新从左边界开始。容器大小为120×400，背景色为“浅黄色”。

3）使用如图9-13所示的3个命令按钮控制移动速度。

图9-13 文字在容器中滚动

实验指导

1．设计表单“字体字形”——操作指导

题目要求：

1）能够通过选项按钮组（间距为24）来设置标签控件中的字体。

2）通过复选按钮改变字形（加粗、倾斜）。

3）通过微调控件改变字号，微调控件的最大值为36磅，最小值为9，初值为17，每次单击微调控件的上下箭头时，数量增加或减少2。

其操作方法如下：

1）按照图9-18所示的在表单中添加标签label1，在其Caption属性中输入“Visual FoxPro程序设计”。

2）在表单中添加选项按钮组OptionGroup1，并进行以下设置。

① 右击选择“生成器”命令，在“按钮”选项卡中将“按钮的数目”改为4，标题分别改为黑体、楷体、仿宋、隶书，如图9-14所示。

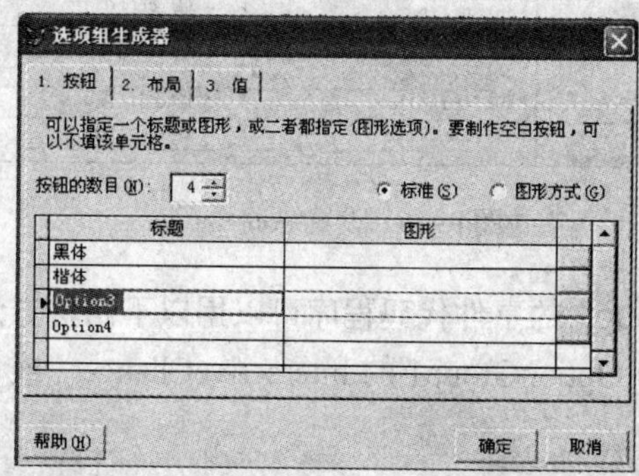

图9-14 在生成器中修改按钮标题

② 在“布局”选项卡中将“按钮间隔”设置为 24。

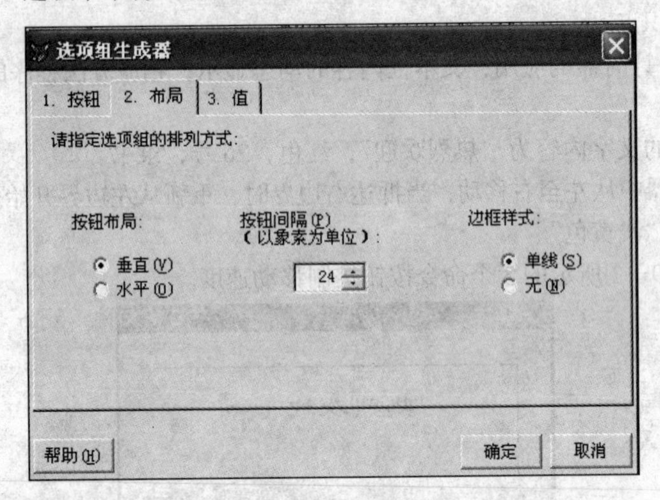

图 9-15 设置“按钮间隔”为 24

③ 对选项按钮组 OptionGroup1 各个标题进行字体设置，具体步骤是右击选择“编辑”命令，此时按钮组四周带绿色边框（见图 9-16），再选中某个对象，将其属性中的 FontName 分别设置为相应字体（比如楷体，则选择“楷体_GB2312”）。

说明：这一步是对标题的字体显示效果进行设置，也可以不必设置，它与对 label1 的内容显示效果无关。要对 label1 的内容显示效果进行控制，必须在它的事件中设置，详见下述两种方法。

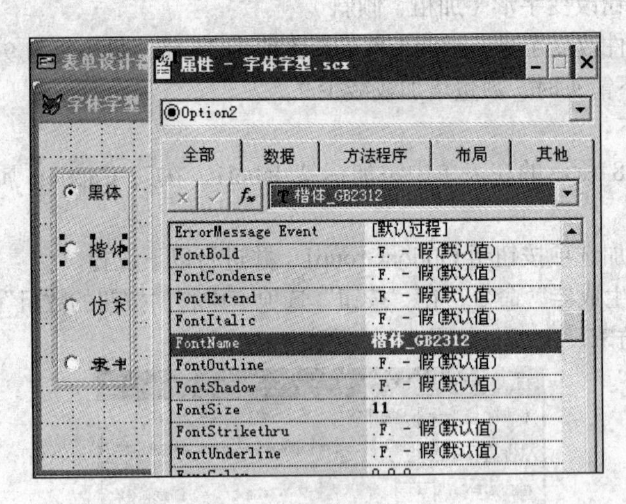

图 9-16 设置 FontName

选项按钮组 OptionGroup1 的事件代码程序可以用以下两种方法编写。

方法一：在选项按钮组 OptionGroup1 的 InteractiveChange（或 Click）事件中编写代码程序。

```
n=This.value
```

```
DO CASE
   CASE n=1
      Thisform.Label1.Fontname ='黑体'
   CASE n=2
      Thisform.Label1.Fontname ='楷体_GB2312'
   CASE n=3
      Thisform.Label1.Fontname ='仿宋_GB2312'
   CASE n=4
      Thisform.Label1.Fontname ='隶书'
Endcase
```

说明：选项按钮组的值 n 取决于鼠标单击时，选择的按钮序号。当选择第 1 个按钮时，其值为 1；当选择第 2 个按钮时，其值为 2，依此类推。

方法二：在选项按钮组 OptionGroup1 的各个按钮选项中直接编写。

- Option1 中的 Click 事件中：Thisform.Label1.Fontname ='黑体'。
- Option2 中的 Click 事件中：Thisform.Label1.Fontname ='楷体_GB2312'。
- Option3 中的 Click 事件中：Thisform.Label1.Fontname ='仿宋_GB2312'。
- Option4 中的 Click 事件中：Thisform.Label1.Fontname ='隶书'。

3）在表单中添加两个复选框 Check1 和 Check2，并进行以下设置。

① 将它们的 Caption 分别设置为“粗体”和“斜体”。

② 在 Check1（粗体）的 click 事件代码如下。

```
If This.Value=1
   Thisform.Label1.Fontbold=.t.
Else
   Thisform.Label1.Fontbold=.f.
Endif
```

③ 在 Check2（斜体）的 click 事件代码如下。

```
If This.Value=1
   Thisform.Label1.Fontitalic=.t.
Else
   Thisform.Label1.Fontitalic=.f.
Endif
```

说明：复选框的值有 3 种：未选中时，其值为 0；选中时，其值为 1；灰色（不可操作）时，其值为 2。

4）在表单中添加微调按钮 Spinner1，并进行以下设置。

① 微调按钮 Spinner1 的有关属性设置。

```
Value: 17                  && 初始值
Increment: 2               && 每次单击向上或向下按钮时增加和减少的值(步长)
KeyboardHighValue: 36      && 键盘能输入的最高值。默认值是 2147483647
KeyboardLowValue: 9        && 键盘能输入的最低值。默认值是-2147483647
```

```
SpinnerHighValue：36          && 微调控件能显示的最高值
SpinnerLowValue：9            && 微调控件能显示的最低值
```

② 微调按钮 Spinner1 的 interactivechange 事件代码程序如下。

```
Thisform.Label1.Fontsize = This.Value
```

2. 设计表单“显示表格”——操作指导

题目要求：

1）建立一个名称为“显示表格.scx”的表单。该表单上有一个表格和两个命令按钮。

2）运行表单时，只显示两个按钮，若单击显示文字为“显示表格”的按钮，则在表格中显示出每个学生的学号、姓名、入学成绩和毕业中学；若单击“退出”按钮，则在关闭了数据表后关闭表单。

其操作方法如下：

1）在新建表单中，添加表格控件 Grid1 ，可以拖动边界改变大小。

2）添加两个命令按钮 Command1 和 Command2，并分别将它们的 Caption 改为“显示表格”和“退出”。

3）表格与数据表的绑定。在表格中右击选择“生成器”命令，选择“学生”表，并选择所需字段（学号，姓名，入学成绩和毕业中学）。

4）在表单 FORM1 的 INIT 过程中输入如下代码。

```
THIS.GRID1.VISIBLE=.F.              && 开始运行表单时，表格不可见
```

5）在 COMMAND1 的 CLICK 过程中输入如下代码。

```
THISFORM.GRID1.VISIBLE=.T.          && 单击“显示表格”按钮，表格可见
```

6）在 COMMAND2 的 CLICK 过程中输入如下代码。

```
CLOSE TABLES                        && 关闭数据表
RELEASE THISFORM                    && 关闭表单
```

【疑难解答】

1）表格与数据表、查询、SQL 绑定方法，以及适用情况。

- 表格中只选用数据表中部分字段时，利用“生成器”进行绑定，本题所采用的方法就是此种。
- 表格中包含数据表中全部字段时，使用表格属性 RecordSource 绑定，分两步进行。首先将表单的数据环境添加所需数据表，然后在表格属性 RecordSource 中选择该数据表。
- 表格中的数据包含较复杂情况（如从多个表格抽取，或包含条件、排序等复杂查询的结果）时，则使用 SQL 查询语句与表格属性 RecordSourceType 进行设置，相关实例请参阅本章【实验 9-3】的“4. 设计表单‘查询结果显示于表格’”。

2）表单中对象的显示与隐藏。属性 VISIBLE=.T. 时，为可见的（.F. 为不可见的）。

3．设计表单“按姓名查询”——操作指导

题目要求：

1）表单名称为“按姓名查询.scx”，标签为 labell，标题为“请选择教师姓名：”。

2）在组合框下拉列表中选择姓名，然后显示该教师的信息。

3）要求表单初始界面只显示标签和组合框，当选择了教师姓名后，再显示相应的信息。

其操作方法如下：

1）在新建表单中，添加控件标签 labell，并将其属性 Caption 设置为“请选择教师姓名：”。

2）添加控件组合框 Combo1；右击选择“生成器”命令，选择“教师信息表”中的字段“姓名”与其绑定（见图 9–17）。

3）在表单空白处右击选择“数据环境”命令，调出“数据环境设计器”（由于第 2 步组合框的绑定操作完成，数据环境自动添加了教师信息表）。

4）将所需字段（姓名、性别、职称、工作日期和照片）从“数据环境设计器”中拖到表单中适当的位置，并将照片的标签删去（见图 9–18）。

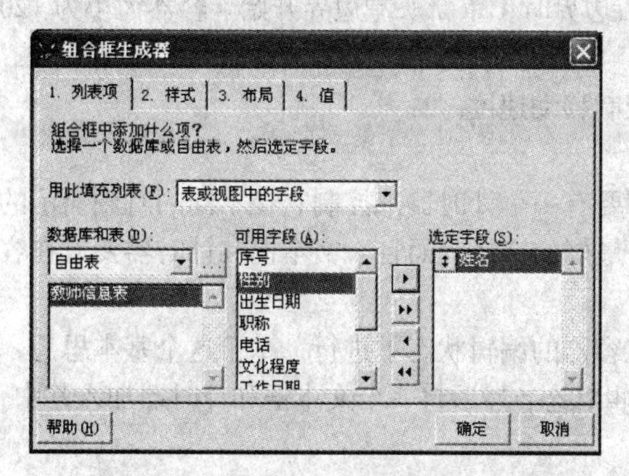

图 9–17　利用生成器选择组合框的绑定字段

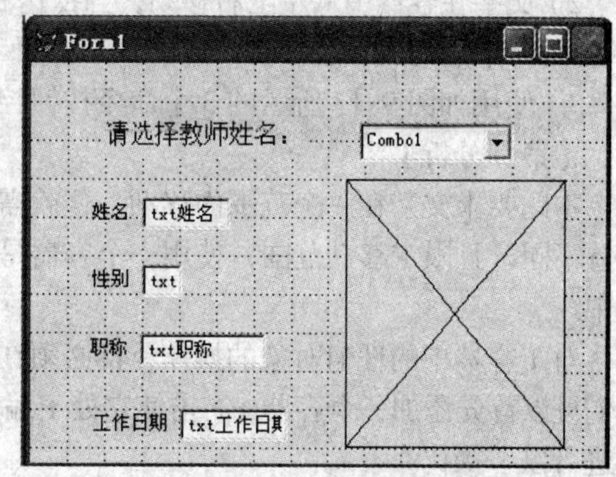

图 9–18　设计视图

5）在表单的 init 事件中将初始界面中不要显示的部分设置为不可见，代码如下。

```
Thisform. SetAll("visible",.f.,"TextBox")   && 见本题疑难解答
This.lbl 姓名.Visible=.f.
This.lbl 性别.Visible=.f.
This.lbl 职称.Visible=.f.
This.lbl 工作日期.Visible=.f.
This.olb 照片.Visible=.f.
```

6）在表单的组合框 Combo1 的 InteractiveChange 事件中输入以下代码。

```
Thisform. SetAll("visible",.t.,"TextBox")
Thisform.lbl 姓名.Visible=.t.
Thisform.lbl 性别.Visible=.t.
Thisform.lbl 职称.Visible=.t.
Thisform.lbl 工作日期.Visible=.t.
Thisform.olb 照片.Visible=.t.
locat for 姓名=This.Value
```

```
Thisform.Refresh
```

【疑难解答】

函数 SetAll("visible",.f.,"TextBox")的作用

该函数的功能是将所有文本框的 Visible 属性设置为假（或真，第二个参数为.T.时），如果要设置的文本框很多，使用它能代替多条语句，比如本题中此函数就相当于以下 4 条语句：

```
This.txt姓名.Visible=.f.
This.txt性别.Visible=.f.
This.txt职称.Visible=.f.
This.txt工作日期.Visible=.f.
```

4．设计表单“容器应用”——操作指导

题目要求：

1）文本框中的文字内容为“热烈欢迎”，红色，26 号隶书。

2）文字在容器中从左至右移动，当抵达右边界时，重新从左边界开始。容器大小为 120×400，背景色为浅黄色。

3）使用如图 9-13 所示的 3 个命令按钮控制移动速度。

【案例分析】

本题要求文字在一个范围内移动，这就需要有一个计时器来控制它在不同的时刻显示的位置不同，且限定移动范围，使用一个容器是最好的选择。而且，文本框和计时器要放在容器中。

对于容器中的任何对象的操作，都必须在容器的编辑状态下进行。基于这个基本思想，我们可以首先添加一个容器，右击使它处于编辑状态，然后将一个文本框和计时器加入其中，再进行以下操作。

1）在新建表单中，添加一个“容器”Container1 控件，并进行以下属性设置。

- Hieght 属性设置为 120 && 容器的高度
- Width 属性设置为 400 && 容器的宽度
- Backcolor 属性设置为“浅黄”（255，255，128） && 容器的背景色

2）在“容器”中右击，选择“编辑”命令，此时出现蓝绿色边框，再将文本框 Text1 和计时器 Timer1 加入其中。

3）对文本框 Text1 进行如下设置。

- Caption 属性设置为“热烈欢迎” && 文本框标题
- ForColor 属性设置为“红色”（255，0，0） && 字体颜色
- FontName 属性设置为“隶书” && 字体名
- FontSize 属性设置为 26 && 字号
- BackStyle 属性设置为 0-透明 && 背景风格
- BorderStyle 属性设置为 0-无 && 边框风格

4）对计时器 Timer1 进行如下设置。

- Timer 事件中输入程序代码为

```
IF THIS.PARENT.TEXT1.LEFT=THIS.PARENT.WIDTH
```

```
    THIS.PARENT.TEXT1.LEFT=1
ELSE
    THIS.PARENT.TEXT1.LEFT=THIS.PARENT.TEXT1.LEFT+1
ENDIF
```

- Enabled 属性设置为.T.
- Interval 属性设置为 5（只要是一个非 0 数即可，5 表示 5ms 计时器执行一次程序代码）

说明：

- 其中“THIS.PARENT”是对对象所在容器的一种简称，在此处，它的全称应是“THISFORM.CONTAINER1”。
- 语句 IF THIS.PARENT.TEXT1.LEFT=THIS.PARENT.WIDTH… 的含义：若文本框的左边界等于本容器的宽度，那么文本框的左边界设置为 1（也就是文本框的起始位置逐步右移，当达到容器的右边界时，又重新从左边开始）。

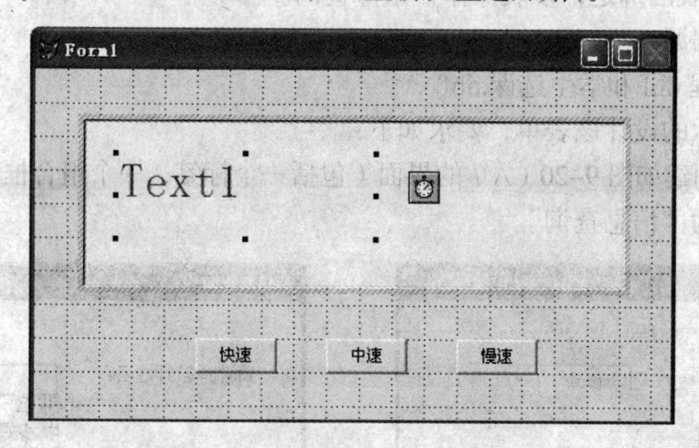

图 9-19 “容器应用”设计视图

5）在表单中，添加 3 个命令按钮控件，并进行以下设置。

- 对命令按钮 Command1，Caption 设置为“快速”；为其 Click 事件编写代码：

```
THISFORM.CONTAINER1.TIMER1.INTERVAL=5
```

- 对命令按钮 Command2，Caption 设置为“中速”；为其 Click 事件编写代码：

```
THISFORM.CONTAINER1.TIMER1.INTERVAL=10
```

- 对命令按钮 Command3，Caption 设置为“慢速”；为其 Click 事件编写代码：

```
THISFORM.CONTAINER1.TIMER1.INTERVAL=50
```

9.3 VFP 表单综合应用

实验目的

- 了解焦点的失去、获得，属性 Visible、Enabled 的设置等基本方法。

- 掌握数据有效性（valid 事件）的用法，MessageBox 的高级应用。
- 在表单中显示查询结果，计算结果等信息。

实验要求

1）将服务器上的文件夹“data9-3”下载到本地盘如 E:\。

2）打开其中的“9.3　答题文件.doc”文件，边做实验，边将各题的答案（所用的命令或运行结果等）记录在该文件中。实验完成后将整个文件夹上传到“作业”文件夹中。

实验内容

1. 设计表单“信息查询”

（1）本题知识点

组合框与数据表的绑定，多表操作，条件查询。

（2）本题数据源

学生.dbf、课程.dbf 和学生选课.dbf。

按图 9-20 所示的设计该表单，要求如下：

1）在表单中创建如图 9-20（A）的界面（包括一个标签，一个组合框和两个命令按钮）。

2）表单标题为“信息查询”。

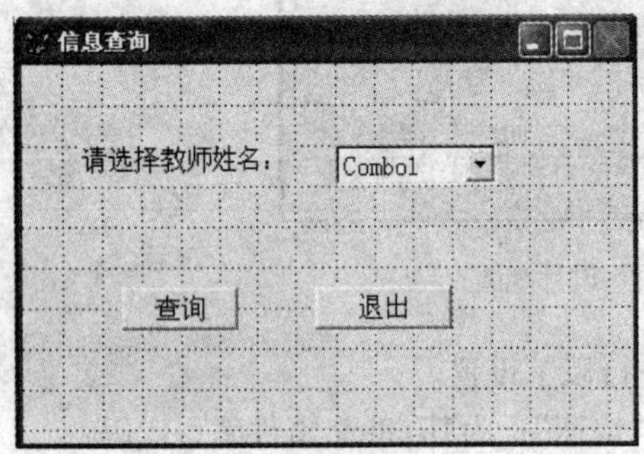

A 设计界面

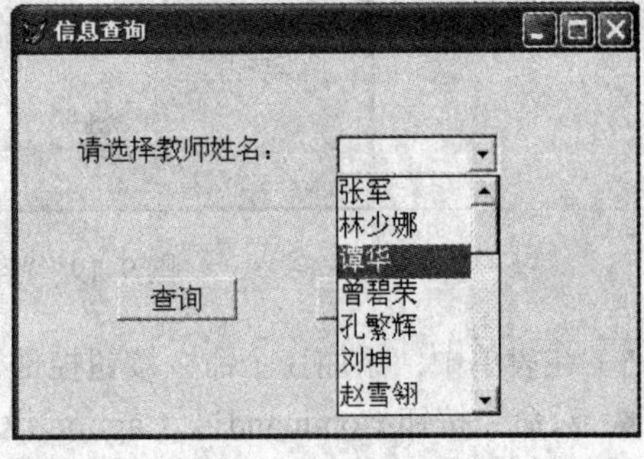

B 运行界面

图 9-20　表单“信息查询”界面

3）为命令按钮“查询”的 Click 事件编写代码完成以下功能。

用户在组合框中选择任课教师姓名，单击“查询”按钮时能查询该教师所教学生的信息，包括学号、姓名、课程名、成绩和任课教师，并把查询结果在“浏览”窗口中显示，如图 9-21 所示。

信息查询

学号	姓名	课程名	成绩	任课教师
07640101	雷鸣	离散数学	78	张军
07610102	陈晴	离散数学	88	张军
07610103	马大大	逻辑学	78	张军
07640103	陈静	数学建模	87	张军

图 9-21　查询结果

提示：在属性窗口中设置组合框的 Style 属性的值为 0（下拉组合框），RowSourceType 属性的值为 6（字段），RowSource 属性的值为“课程.任课教师”。

4）为命令按钮“退出”的 Click 事件编写代码，完成功能：单击该按钮时退出表单。

2. 设计表单“计算阶乘”

（1）本题知识点

标签、按钮、文本框（有效性检查）、程序设计（计算阶乘），对象的可用、不可用设置。

（2）要求

1）新建表单“计算阶乘.scx”，使其能实现求某个数 n（限定于 1～10）的阶乘的功能。设计界面和运行界面分别如图 9-22 和图 9-23 所示。

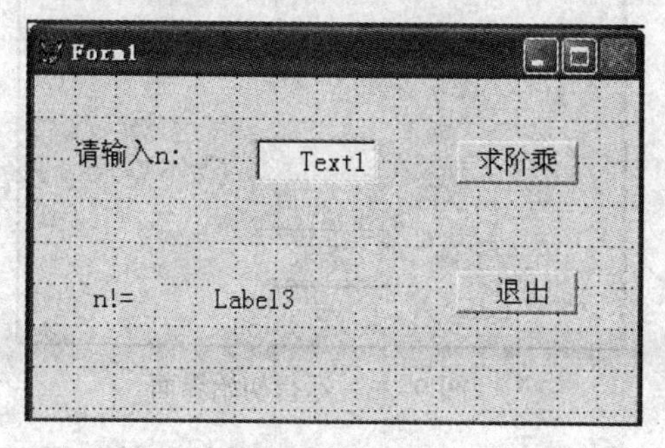

图 9-22　设计界面

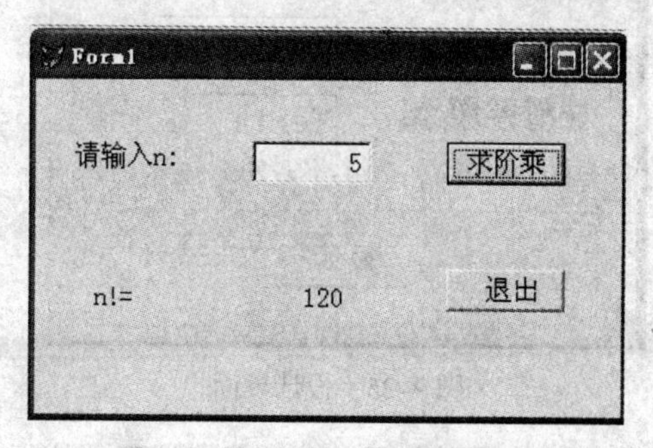

图 9-23　运行界面

2）命令按钮的名称分别为 Command1 和 Command2（命令按钮的名称错不能得分），标题为“求阶乘”和“退出”。

3） n 的阶乘（即 n!）等于 1*2*3*…*n，例如，6! =1*2*3*4*5*6。为命令按钮 Command1 的 Click 事件，编写代码完成功能：用户在文本框 TEXT1 中输入一个数，单击命令按钮“求阶乘”时，在标签 Label3 中显示这个数的阶乘。

4）为命令按钮 Command2 的 Click 事件，编写代码完成功能：单击该按钮时退出表单。

5）文本框接收的数据只能在 1～10 之间，否则弹出如图 9-24 的信息框。单击“确定”按钮后，焦点返回到该文本框（提示“在 Valid 事件中编写有效性检验程序”）。

图 9-24　错误提示信息框

3. 设计表单“查询等级”

（1）本题知识点

组合框与数据表的绑定，对象的可视或隐藏设置，多分支程序设计。

（2）本题数据源

学生.dbf。

（3）要求

1）新建表单文件“查询等级”。

在表单中加入两个标签控件 Label1 和 Label2，一个组合框 Combo1，一个文本框 Text1 和一个命令按钮 Command1。

Label1 标签所显示的标题文字为“请选择姓名:”，粗体、红色、隶书 18 号字；Label2 标签所显示的标题文字为“成绩等级为:”，斜体、蓝色、黑体 18 号字；组合框 Combo1 的选项显示为粗体 14 号字；文本框 Text1 的值显示为粗体 18 号字；命令按钮 Command1 的标题文字为 “显示”，粗体 14 号字，如图 9–25 所示。

设定组合框的 RowSourceType 属性值为 3-SQL 语句。

2）为表单的 Init 事件编程，使得刚运行表单时，表单是居中显示的，且只显示出命令按钮，而见不到其他控件，如图 9–26 所示。

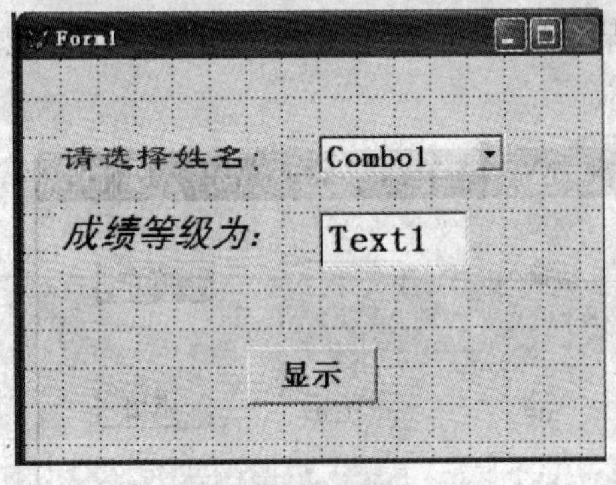

图 9–25　设计界面

图 9–26　运行初始界面

3）为命令按钮的 Click 事件编程，使得单击该命令按钮时，能显示出其他控件，同时使得组合框的选项为“学生”表中所有记录的姓名字段值；最后使命令按钮变成不可用的，如图 9–27 所示。

4）为组合框的 InteractiveChange 事件编程，使得当用户在组合框中选择了某个姓名时，能根据“入学成绩”来为该学生确定其成绩等级。等级的评定规则：入学成绩高于 650 分者为优秀，低于或等于 650 分但不低于 600 分者为良好，低于 600 分而高于 550 分者为一般，不高于 550 分者为差，如图 9–28 所示。

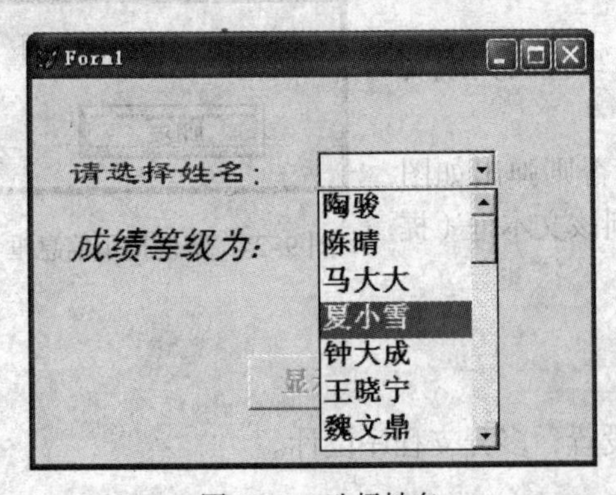

图 9–27　选择姓名

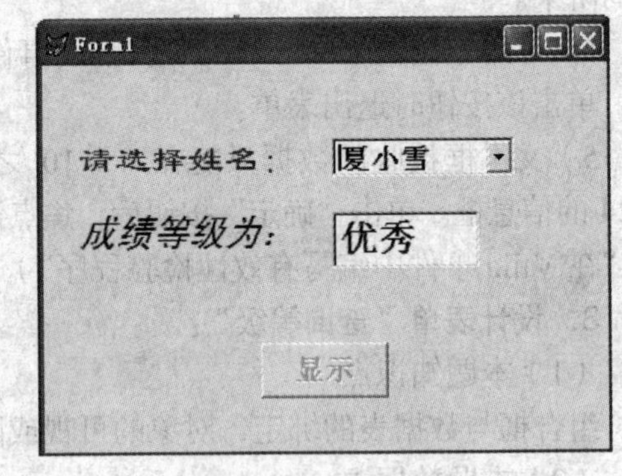

图 9–28　显示等级

4．设计表单“查询结果显示于表格”

（1）本题知识点

命令按钮组，多表查询结果在表格中显示。

（2）本题数据源

A 班学生信息，A 班成绩表.dbf。

（3）要求

1）新建表单“多表查询.scx”，该表单上有一个表格和一个包含两个命令按钮的命令按钮组（见图 9-29）。

2）运行表单时，若单击显示文字为“显示”的按钮，则在表格中显示出每个学生的学号、姓名、性别和总分（A 班成绩表中各门课程成绩的和），如图 9-30 所示。

3）若单击“关闭”按钮，则在关闭了所有数据表后关闭表单。

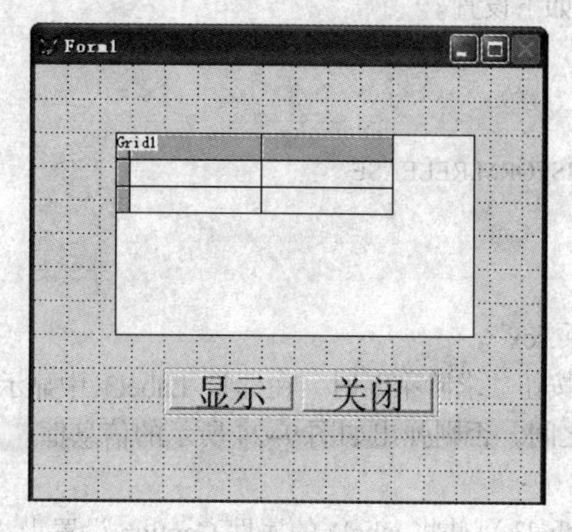

图 9-29　设计界面

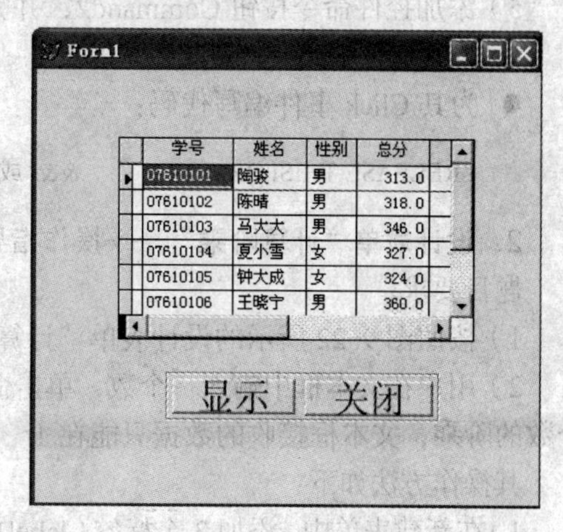

图 9-30　运行界面

实验指导

1. 设计表单“信息查询”——操作指导

题目要求：

1）按图 9-20 设计的表单“信息查询”，用户可从组合框的下拉列表中选择任课教师姓名。

2）单击“查询”按钮时能查询该教师所教学生的信息，并把查询结果在“浏览”窗口显示。

其操作方法如下：

1）新建表单，并将表单的属性 Caption 设置为“信息查询”。

2）添加标签 label1，并将其属性 Caption 设置为“请选择教师姓名：”。

3）添加控件组合框 Combo1，并完成如下设置。

● 与“课程”表中的字段“任课教师”绑定。

方法 1：右击选择“生成器”命令，选择“课程”表中的“任课教师”与其绑定。

方法 2：直接设置 RowSourceType 属性的值为 6（字段），RowSource 属性的值为“课程.任课教师”。

● 设置组合框 Combo1 的 Style 属性的值为 0（下拉组合框）。

4）添加控件命令按钮 Command1，并完成如下设置。

● 将其属性 Caption 设置为“查询”。

● 为其 Click 事件编写代码：

```
SELECT 学生.学号, 学生.姓名, 课程.课程名, 学生选课.成绩, 课程.任课教师;
 FROM   学生  INNER JOIN  学生选课;
   INNER JOIN  课程  ;
   ON   学生选课.课程 id =  课程.课程 id ;
   ON   学生.学号  =  学生选课.学号;
   WHERE  课程.任课教师=THISFORM.COMBO1.VALUE
```

上述这条查询语句，使得查询结果在“浏览”窗口中显示。

5）添加控件命令按钮 Command2，并完成如下设置。

- 将其属性 Caption 设置为“退出”。
- 为其 Click 事件编写代码：

```
RELEASE THISFORM                && 或  THISFORM.RELEASE
```

2. 设计表单“计算阶乘”——操作指导

题目要求：

1）按照图 9-22 所示的设计表单“计算阶乘.scx”。

2）用户在文本框中输入一个数，单击命令按钮“求阶乘”时，在标签 Label3 中显示这个数的阶乘，文本框接收的数据只能在 1～10 之间，否则弹出如图 9-24 所示的信息框。

其操作方法如下：

1）在新建表单中，添加 3 个标签（label1～label3），并将 label1 的属性 Caption 设置为“请输入 n ：”，label2 的 Caption 属性设置为“n!=”。

2）添加两个命令按钮 Command1 和 Command2，并将其属性 Caption 分别设置为“求阶乘”和“退出”（见图 9-31）。

3）添加控件文本框 Text1 并完成如下设置。

在生成器中设置其类型为数值型，或在属性 VALUE 中设置初值为 0，否则运行时会出现类型不匹配的错误（因为文本框的默认类型为字符型）。

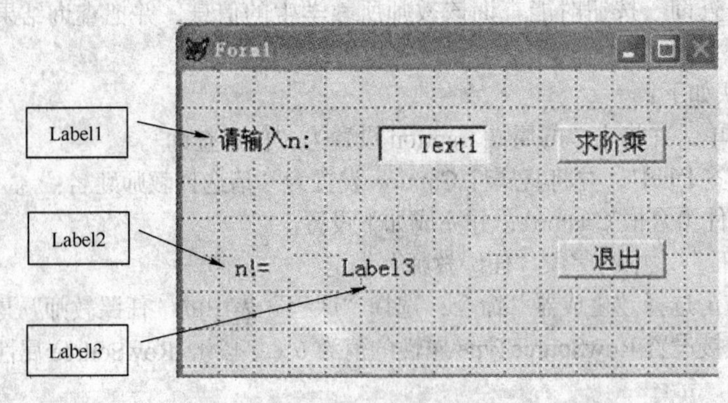

图 9-31　设计界面

4）为命令按钮“Command1”（求阶乘）的 Click 事件编写如下代码。

```
N=THISFORM.TEXT1.VALUE
S=1
```

```
FOR I=1 TO N
  S=S*I
ENDFOR
THISFORM.LABEL3.CAPTION=STR(S)      && STR(S)将结果转换为字符型
```

5）为命令按钮“Command2”（退出）的 Click 事件编写如下代码。

```
THISFORM.RELEASE
或：RELEASE   THISFORM
```

6）为 text1 的 Valid 事件编写如下代码。

```
N=THIS.VALUE
IF N<1 OR N>10
  =MESSAGEBOX("输入数要在 1—10 之间","数据超界！ ")
  THISFORM.TEXT1.VALUE=0
  THISFORM.TEXT1.GOTFOCUS              && 文本框得到焦点
ENDIF
```

【疑难解答】

格式：MessageBox("<提示>",<对话框类型>+<图标类型>+<默认焦点按钮>,"〈标题〉")

功能：用来显示一个对话框。

说明：

1）“提示”是在对话框中显示的文本。

2）“标题”是对话框的标题，若省略，默认是”Microsoft Visual Foxpro”。

3）参数“<对话框类型>+<图标类型>+<默认焦点按钮>”使用方法如表 9-1 所示。

表 9-1

值	含 义	类 型
0（或忽略）	仅有“确定”按钮	对话框按钮
1	“确定”和“取消”按钮	
2	“终止”、“重试”和“忽略”按钮	
3	“是”、“否”和“取消”按钮	
4	“是”、“否”按钮	
5	“重试”和“取消”	
16	终止图标	图标
32	问号图标	
48	感叹号图标	
64	“信息”图标	
0	第一个按钮	默认焦点按钮
256	第二个按钮	
512	第三个按钮	

实例：

MessageBox(“重试、取消按钮和信息图标，第二个按钮为默认按钮”，5+64+256, "我设计的BOX")

说明：

1）**第一个参数**（重试、取消按钮和信息图标，第二个按钮为默认按钮）为**提示字符串**，两端要加半角引号。

2）第二个参数（5+64+256）的含义：

- 5——表示对话框有“重试”和”取消”两个按钮。
- 64——表示使用“信息图标”。
- 256——表示焦点按钮是第二个。

3）第三个参数（我设计的 BOX）为窗口标题，两端要加半角引号。

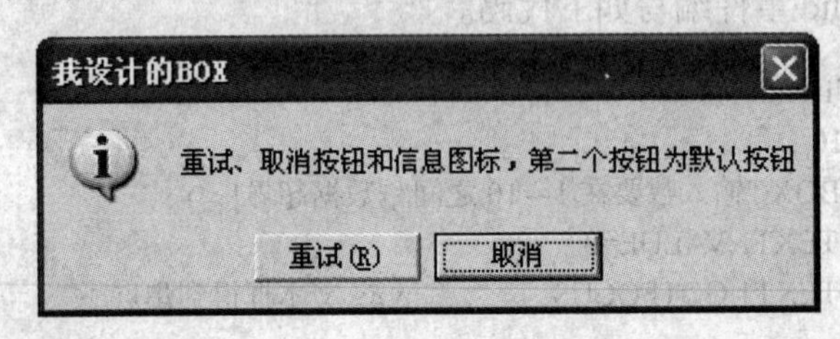

图 9-32　MessageBox 实例

函数的返回值：

该函数的返回值是整数，对应用户单击了哪个按钮，返回值和按钮的对应关系如表 9-2 所示。

表　9-2

返 回 值	1	2	3	4	5	6	7
对应按钮	确定	取消	放弃	重试	忽略	是	否

3. 设计表单“查询等级”——操作指导

题目要求：

按照图 9-25 所示的设计表单“查询等级”，设定组合框的 RowSourceType 属性值为 3-SQL 语句。

2）初始运行时，表单居中显示，且只显示出命令按钮，而见不到其他控件。

3）单击“显示”按钮，能显示出其他控件，在组合框中选择学生姓名后，此时“显示”按钮变成不可用的。

4）当用户在组合框中选择了某个姓名时，能根据“入学成绩”来为该学生确定其成绩等级。

其操作方法如下：

1）新建表单，表单名称为“查询等级”。

2）在表单体中加入两个标签控件 Label1 和 Label2，一个组合框 Combo1，一个文本框 Text1 和一个命令按钮 Command1。

3）对 Label1 标签控件做如下设置：

- Caption 属性中输入“请选择姓名：”。
- ForeColor 属性中选择“红色”（字体色）。

● FontSize 属性中选择 18（字号）。
● FontName 属性中选择“隶书”。

4）对 Label2 标签控件做如下设置：

● Caption 属性中输入“成绩等级为:”。
● ForeColor 属性中选择“蓝色”。
● FontSize 属性中选择 18。
● FontName 属性中选择“黑体”。
● FontItalic 属性中选择 .T. (斜体)。

5）组合框 Combo1 控件做如下设置：

● FontSize 属性中选择 14。
● FontBold 属性中选择.T.(粗体)。

6）文本框 Text1 控件做如下设置：

● FontSize 属性中选择 18。
● FontBold 属性中选择.T.(粗体)。

7）命令按钮 Command1 控件做如下设置：

● Caption 属性中输入“显示”。
● FontSize 属性中选择 14。
● FontBold 属性中选择.T.(粗体)。

8）表单 form1 的 Init 事件代码：

```
THISFORM.LABEL1.VISIBLE=.F.                  && 以下 4 条语句使对象为不可见
THISFORM.LABEL2.VISIBLE=.F.
THISFORM.COMBO1.VISIBLE=.F.
THISFORM.TEXT1.VISIBLE=.F.
THISFORM.AUTOCENTER=.T.                      && 表单居中显示
THISFORM.COMBO1.ROWSOURCE="SELECT 姓名 FROM 学生 INTO CURSOR
AA"                                          && 作用见疑难解答
```

9）命令按钮 Command 的 Click 事件代码：

```
THISFORM.LABEL1.VISIBLE=.T.
THISFORM.LABEL2.VISIBLE=.T.
THISFORM.COMBO1.VISIBLE=.T.
THISFORM.TEXT1.VISIBLE=.T.
THISFORM.COMMAND1.ENABLED=.F.             && 使按钮变灰（不可用）
```

10）组合框 Combo1 与“学生”表的“姓名”字段的绑定（见疑难解答），需要在 Combo1 的属性 RowSourceType 中选择 3－SQL 语句。

11）组合框 Combo1 的 InteractiveChange 事件代码：

```
LOCATE FOR 姓名=THIS.VALUE                   && 条件定位于所选姓名
DO CASE
   CASE 入学成绩>650
       THISFORM.TEXT1.VALUE="优秀"
```

```
    CASE 入学成绩>600
        THISFORM.TEXT1.VALUE="良好"
    CASE 入学成绩>550
        THISFORM.TEXT1.VALUE="一般"
    OTHERWISE
        THISFORM.TEXT1.VALUE="差"
ENDCASE
```

4．设计表单“查询结果显示于表格”——操作指导

题目要求：

1）新建表单“多表查询.scx”，该表单上有一个表格和一个包含两个命令按钮的命令按钮组。

2）运行表单时，若单击显示文字为“显示”的按钮，则在表格中显示出每个学生的学号、姓名、性别和总分（A 班成绩表中各门课程成绩的和）。

3）若单击“关闭”按钮，则在关闭了所有数据表后关闭表单。

【案例分析】

本题要求在表格中显示多表查询结果，这就不能简单地使用数据表中字段绑定的方法实现。在表单的属性 RecordSouceType 中提供了 5 种联系方法，本题可以使用其中后两种方法实现（见图 9-33）。

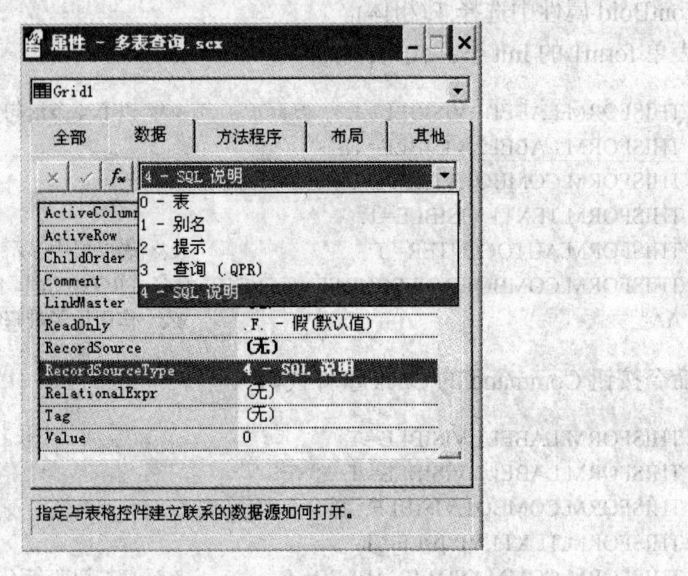

图 9-33　RecordSourceType 属性设置

- 3—查询：可将 SQL 查询语句存放在.QPR 文件中。
- 4—SQL 说明：可将 SQL 查询语句存放在方法程序中。

但是无论 3 还是 4，都必须将查询结果输出到临时文件中，因为临时文件与表格是一种默认的连接。也就是说，只要有内容输出到临时文件，当前表单中的表格就会出现该内容，而不需要任何其他指定。

本题可以用两种方法实现，其各操作方法如下。

方法 1：表格数据源来自查询文件（.QPR）。

1）在命令按钮组 CommandGroup1 的 Click 事件中编写如下程序代码。

```
N=THIS.VALUE
DO CASE
  CASE N=1
    THIS.PARENT.GRID1.RECORDSOURCE="aaa.qpr"
  CASE N=2
    CLOSE TABLE
    THISFORM.RELEASE
  ENDCASE
```

2）表格 gride1 的属性 RecordSourceType，选择 3 – 查询。

3）查询文件（aaa.qpr）的内容如下。

```
SELECT A 班学生信息.学号, A 班学生信息.姓名, A 班学生信息.性别,;
  A 班成绩表.数学+ A 班成绩表.英语+ A 班成绩表.政治+ A 班成绩表.计算机应用 as 总分;
 FROM  a 班学生信息 INNER JOIN a 班成绩表 ;
   ON  A 班学生信息.学号 = A 班成绩表.学号;
 INTO CURSOR TT
```

方法 2：表格数据源来自查询语句（4-SQL 说明）。

1）在命令按钮组 CommandGroup1 的 Click 事件中编写如下程序代码。

```
N=THIS.VALUE
DO CASE
  CASE N=1
      THISFORM.GRID1.RECORDSOURCE="SELECT a.学号, a.姓名, a.性别, ;
         b.数学+ b.英语+ b.政治+ b.计算机应用 as 总分;
         FROM  a 班学生信息 as a INNER JOIN  a 班成绩表 as b;
          ON  a.学号 = b.学号 INTO CURSOR TT"
  CASE N=2
    CLOSE TABLE
    THISFORM.RELEASE
  ENDCASE
```

以上程序也可以使用 IF 语句来实现。

```
IF THIS.VALUE=1
     THISFORM.GRID1.RECORDSOURCE="SELECT a.学号, a.姓名, a.性别, ;
         b.数学+ b.英语+ b.政治+ b.计算机应用 as 总分;
         FROM  a 班学生信息 as a INNER JOIN  a 班成绩表 as b;
          ON  a.学号 = b.学号 INTO CURSOR TT"
ELSE
     CLOSE TABLE
     RELEASE THISFORM
ENDIF
```

2）表格 Gride1 的属性 RecordSourceType，选择 4 – SQL 说明。

【疑难解答】

1. 关于命令按钮组的使用特点

1）命令按钮组 CommandGroup 的单击事件的特点：当单击第一个按钮时，命令按钮组的值为 1；单击第二个按钮时，命令按钮组的值为 2，依此类推。

2）编写程序代码时，根据它的当前值，判断用户是单击了哪一个按钮而进行相应处理。本题只有两个按钮，所以用 IF 语句也可以处理。

3）以上两种方法不仅可以在命令按钮组的 Click 事件中处理，也可以在 InteractiveChange 事件中处理。

2. 组合框 Combo1 与表的字段的绑定（有多种方法实现）

方法 1：按右键选择“生成器”，将“学生”表的字段姓名加进组合框；

方法 2：在 Combo1 的属性 RowSource 选择“学生”表的字段姓名）;

方法 3：在 Combo1 的属性 RowSourceType 中选择：3 – SQL 语句。

前 2 种方法都是直接将字段与组合框绑定的，第 3 种方法是通过 SQL 语句来指定的。而这段 SQL 语句一般放在表单初始化 init 事件中，或者表单的 load 事件中。本实验的第 3 题“查询等级”就是使用的这种方法。

3. 将查询结果输出到临时文件中

在表单上显示较复杂的查询结果时，必须使用查询语句。比如，数据源涉及多表；查询条件比较复杂（如筛选、排序或分组等）。

最简单的方法是直接用浏览视图显示，但是如果要在表格中显示其查询结果，必须将查询结果输出到临时文件中，本实验的第 4 题就是为了解决多表查询结果。

第10章　报　　表

实验目的

- 掌握报表设计的一般方法（包括用“快速报表”、“向导”和“一对多报表向导”等方法建立）。
- 了解报表的各个带区的作用。
- 在不同带区中添加标签控件和域控件，完成各种统计计算。
- 能建立简单的标签。

实验要求

1）将服务器上的文件夹“data10-1”下载到本地盘如 E:\。

2）打开其中的“实验 10-1 答题文件.doc”文件，边做实验，边将各题的答案（所用的命令或运行结果等）记录在该文件中。实验完成后将整个文件夹上传到“作业”文件夹中。

实验内容

1. 使用快速报表建立“学生成绩表”

（1）本题知识点

利用“快速报表”建立报表，添加标签控件和计算的域控件，设置页面。

（2）本题数据源

成绩表.dbf。

（3）要求

1）用“快速报表”建立报表“学生成绩表. FRX”（见图 10-1），内容包括所有字段的信息。

2）对该表的 4 门课程求总分。

提示：进入修改状态，在页标头添加标签“总分”，在细节中相应位置添加“域控件”输入计算总分的表达式。

3）进行页面设置。左页边距为 2cm，增加标题为“学生成绩表”，红色、隶书二号字，水平、垂直居中。

2. 使用向导建立“课程一览表”

（1）本题知识点

利用“向导”建立报表，并排序。

（2）本题数据源

成绩表.dbf。

要求

1）使用报表向导建立报表，报表文件名称为“课程一览表.FRX”（注意：如文件名错和不使用报表向导建立报表，将不能得分）。

学生成绩表

学号	姓名	性别	班级	数学	英语	政治	计算机	总分
02011003	陈静	女	1	95	95	84	87	361
02011004	王克南	女	1	93	95	84	87	359
02011005	钟尔慧	女	1	95	90	54	65	304
02011011	陈醉	男	1	66	90	60	66	282
02011013	夏雪	女	1	95	95	79	84	353
02011018	李文如	女	1	55	95	62	69	281
02011034	夏小雪	女	1	93	68	76	81	318
02011038	李文静	女	1	96	65	83	87	331
02011039	石磊	男	1	90	62	77	79	308
02011040	古月	女	1	95	59	77	83	314
02011042	魏小如	男	1	95	95	82	85	357
02011043	黄亚 非	女	1	77	85	63	67	292
02026001	汤沐化	女	2	93	95	82	85	355
02026002	马小辉	女	2	93	85	82	84	344
02026003	钱玲	女	2	93	85	82	84	344
02026004	张家鸣	女	2	80	85	63	68	296
02026013	杨梅华	男	2	95	85	92	92	364
02026024	郑潮	女	2	93	77	56	65	291
02026026	杨克刚	女	2	96	71	75	81	323
02026027	苏伟明	男	2	93	68	76	81	318
02026029	王国平	女	2	90	62	77	79	308
02026035	林峻	女	2	77	79	77	79	312
02026036	李伯仁	男	2	77	83	77	83	320
02026037	何旭东	女	2	74	75	81	79	309
02026038	徐涛	女	2	71	76	81	78	306
02026039	[illegible]	[illegible]	[illegible]	[illegible]	[illegible]	[illegible]	[illegible]	[illegible]
02031035	郑绮静	男	3	83	77	81	76	317
02031036	马甫仁	男	3	79	74	87	83	323
02031037	李蔚	男	3	78	71	79	77	305
02031038	肖奕	女	3	76	69	83	77	305

09/01/08　　　　1 页

图 10-1　快速报表“学生成绩表”

2）在报表中显示数据表“课程.dbf”中的部分字段，包括课程 ID，课程名，学分和任课教师（见图 10-2）。

3）报表中无分组记录，样式为“账务式”，字段布局为“列”布局，方向为“纵向”。按课程 ID 升序排序，报表标题为“课程一览表”。

课程一览表

08/19/08

课程id	课程名	学分	任课教师
2001	离散数学	4	张军
2002	日语	4	林少娜
2003	计算机科学导论	4	谭华
2004	高级语言程序设计	4	曾碧荣
2005	体育	2	孔繁辉
2006	大学语文	2	刘坤
2008	艺术教育	2	赵雪翎
2009	生活英语	2	吴莉亚
2010	哲学	3	刘刚
2015	普通物理	4	周建平

图 10-2　课程一览表

3．使用向导建立“教师工资一览表”

（1）本题知识点

利用“向导”建立报表，分组计算，并排序。

（2）本题数据源

教师信息表.dbf。

（3）要求

1）使用报表向导制作一个名称为“教师工资一览表.frx”的报表，如图 10-3 所示（注意：如文件名错，将不能得分）。

2）在报表中显示数据表“教师信息表.DBF”中的部分字段（包括职称，姓名，性别和基础工资）。

3）按职称进行分组，添加各种职称的工资合计，报表式样为“经营式”，排序字段选择“性别”（升序），报表标题为“工资一览表”。

其预览结果如图 10-3 所示（必须使用报表向导制作报表）。

工资一览表

08/20/08

职称	姓名	性别	基础工资
副教授			
	王方	男	1,844.30
	许国华	男	1,115.60
	朱志诚	男	972.90
	李华	女	902.90
分类汇总副教授:			4,835.70
高工			
	陈茂昌	男	950.00
分类汇总高工:			950.00
工程师			
	伍清宇	男	1,660.00

图 10-3　教师工资一览表

4．使用向导建立“成绩统计表”

（1）本题知识点

利用“向导”建立报表，分组计算，“总结带区”计算，插入虚线。

（2）本题数据源

成绩表.dbf。

（3）要求

1）利用向导建立报表“成绩统计表. FRX”（见图 10-4），字段除了学号和性别外，其他都选上，报表样式选取“带区式”。

2）按“班级”分组，在“组注脚”带区中求出各班每门课程的平均分，以及各班级人数，将“计算平均数”改为“各科平均分”。

3）在“总结”带区中求出总人数，并在“总人数”和“平均数”之间显示出一条虚线。其预览效果如图 10-5 所示。

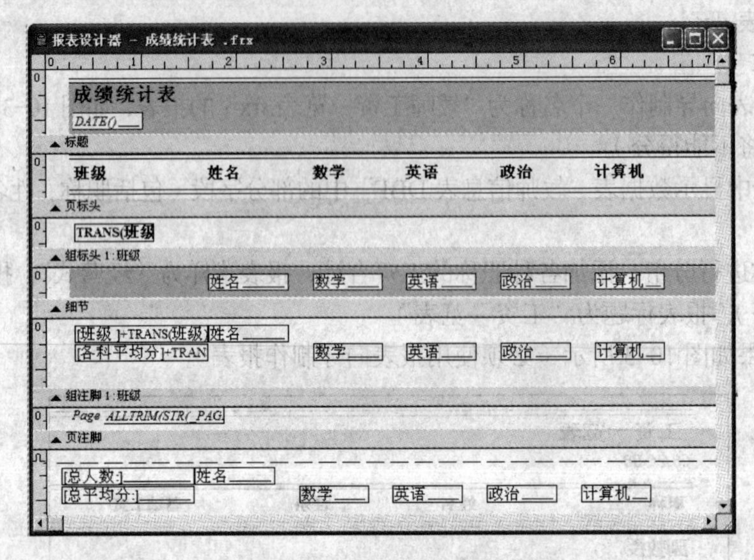

图 10-4 “成绩统计表”设计视图

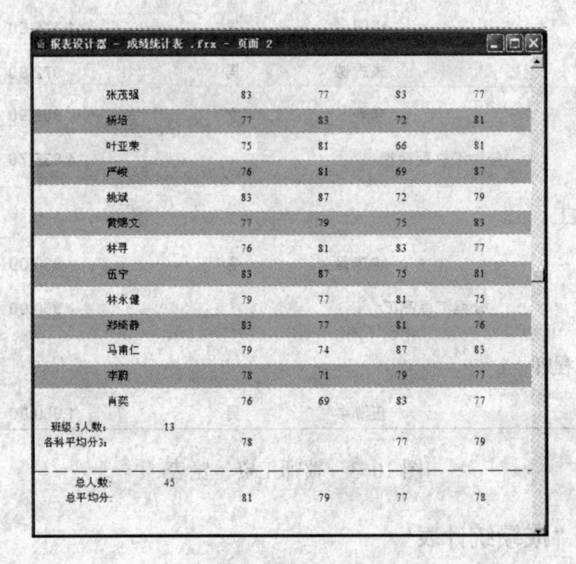

图 10-5 “成绩统计表”运行视图（最后一页）

5. 使用一对多报表向导建立“选修课成绩表”

（1）本题知识点

利用“一对多报表向导”建立报表。

（2）本题数据源

学生.dbf，学生选课.dbf。

（3）要求

1）利用一对多报表向导建立报表“选修课成绩表.FRX”，如图 10-6 所示。

2）以“学生”为父表，“学生选课”为子表。从父表中选择学号、姓名、性别和专业字段，从子表中选择课程 ID 和成绩字段，并以学号建立起两表之间的关系；报表记录按学号升序排列；指定报表样式为“随意式”，方向为“纵向”，报表标题为“选修课成绩表”。

3）对该报表进行编辑。在“标题”带区第二行日期显示值的前面加入标签文字“制表日期:”；把页注脚带区中页码显示值前面的标签文字“Page”删除，然后在页码显示值前插入标签文字“第”，并在页码显示值的后面插入标签文字“页”，如图 10-6 所示。

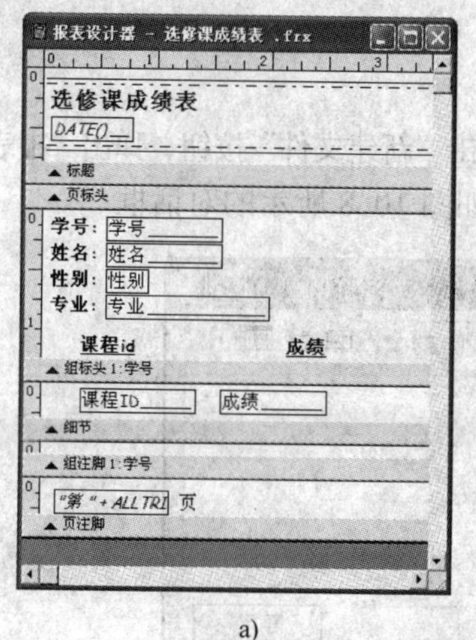

a)

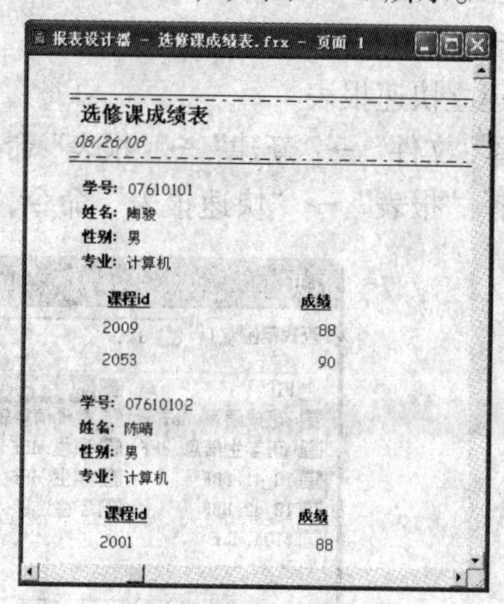

b)

图 10-6　选修课成绩表

a) 设计视图　b) 运行视图

6. 设计一个简单的标签“教师简表”

（1）本题知识点

利用向导建立标签，页面设置分栏个数。

（2）本题数据源

教师信息表.dbf。

要求：用向导建立如图 10-7 所示标签，分为 3 栏。

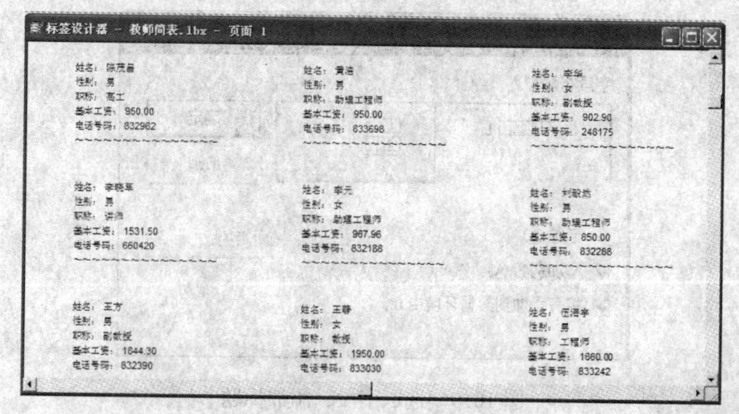

图 10-7　教师简表标签

实验指导

1. 快速报表“学生成绩表”——操作指导

题目要求：

1）用“快速报表”建立报表“学生成绩表.FRX”，内容包括所有字段的信息。

2）对该表的4门课程求总分。

3）进行页面设置。左页边距为2cm，增加标题为“学生成绩表”，红色、隶书二号字，水平、垂直居中。

其操作步骤如下：

（1）建立快速报表

1）选择“文件”→“新建”→“报表”命令，单击“新建文件”按钮，弹出“报表设计器”。

2）选择“报表”→“快速报表”命令，弹出如图10-8所示的对话框。

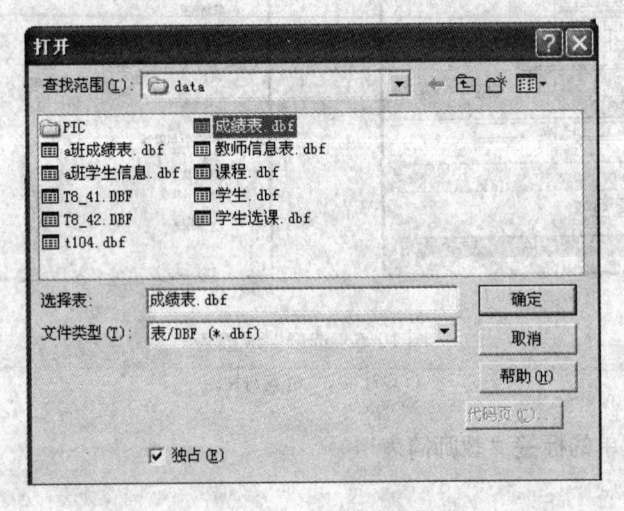

图10-8　打开数据源

注意：此步骤弹出的对话框有时不是这样的，而是直接弹出如图10-9所示的，并且可能此时的数据源不是我们所需的，如何解决，请参阅本题的疑难解答1。

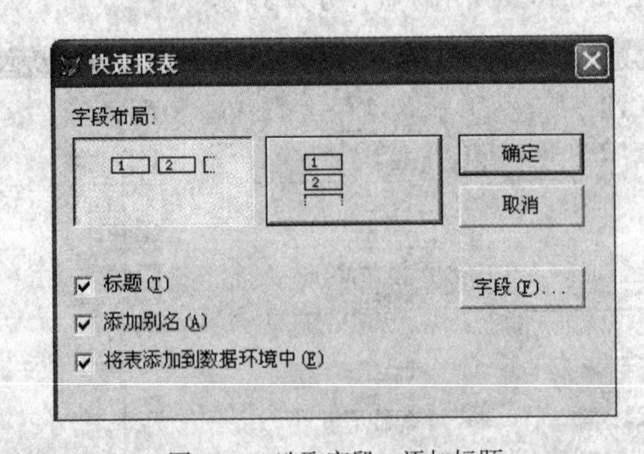

图10-9　选取字段、添加标题

3）在“data”文件夹中选择数据源“成绩表”，单击“确定”按钮，弹出如图 10-9 所示的对话框。

4）由于本题要求选择全部字段，因此直接单击“确定”按钮即可，此时建成一个简单的报表如图 10-10 所示。

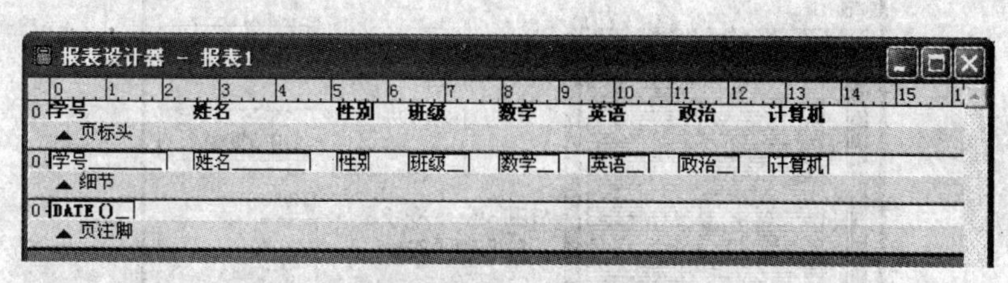

图 10-10　设计界面

5）单击“保存”按钮，并给文件命名为“学生成绩表”。

注意：报表中若只需要部分字段，还必须多一步操作，详见本题的疑难解答 2。

（2）修改报表

1）在设计界面中，在“页标头”带区的右侧添加标签“总分”。

2）在“细节”带区中相对应的位置上，添加域控件，此时弹出 “报表表达式”对话框。在“表达式”中直接输入“数学+英语+政治+计算机”，如图 10-11 所示。

或者单击右侧的“生成器”按钮，然后弹出“表达式生成器”得到求总分的表达式“成绩表.数学+成绩表.英语+成绩表.政治+成绩表.计算机”，如图 10-12 所示。

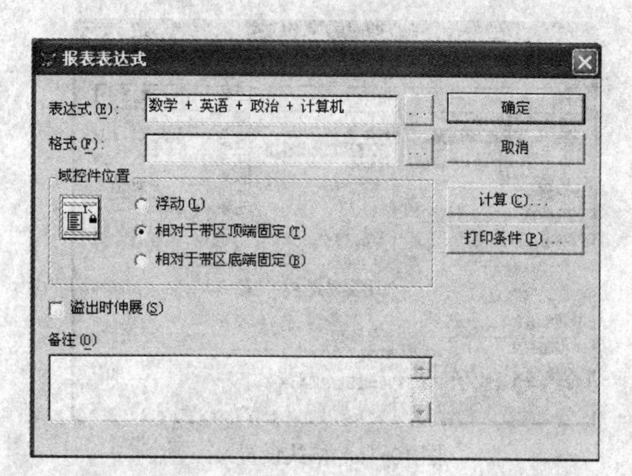

图 10-11　直接输入求总分的表达式

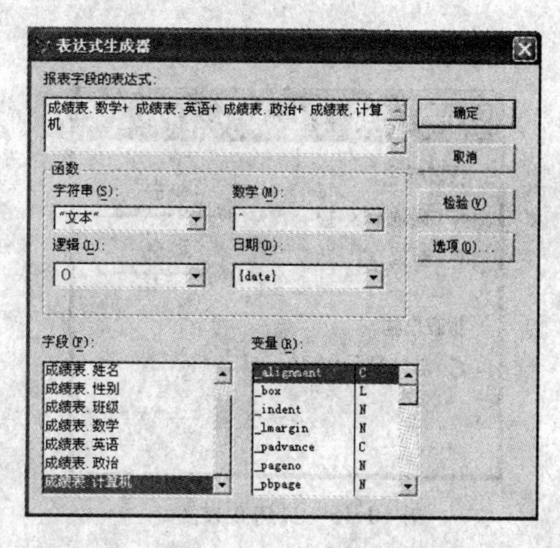

图 10-12　利用表达式生成器操作

经过以上设置后，设计视图如图 10-13 所示。

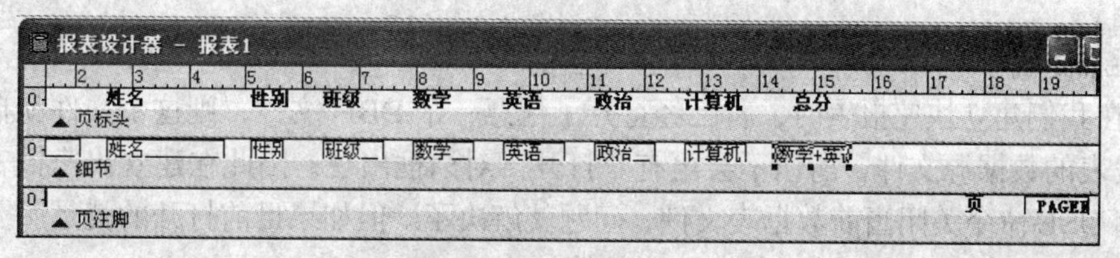

图 10-13　添加总分后

3）进行页面设置。选择“文件”→“页面设置”命令，将“左页边距”设置为2cm，如图10-14所示。

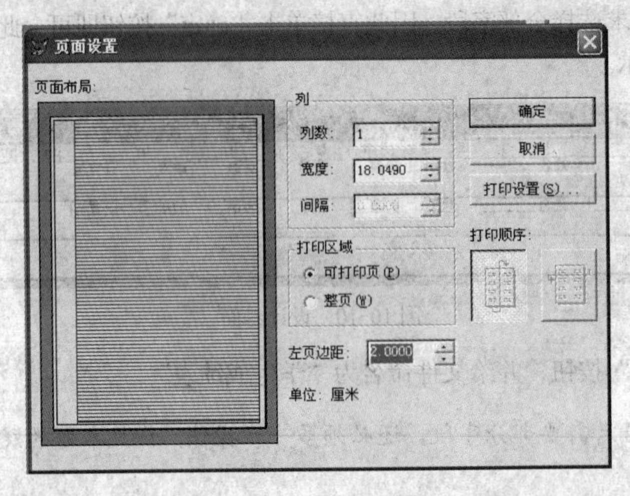

图10-14　页边距设置

4）选择菜单“报表”→“标题/总结”命令，然后将“标题带区”选中，如图10-15所示，再单击“确定”按钮。

5）增加标题为“学生成绩表”。在“标题”带区添加标签“学生成绩表”，再选择“格式”→“字体”。

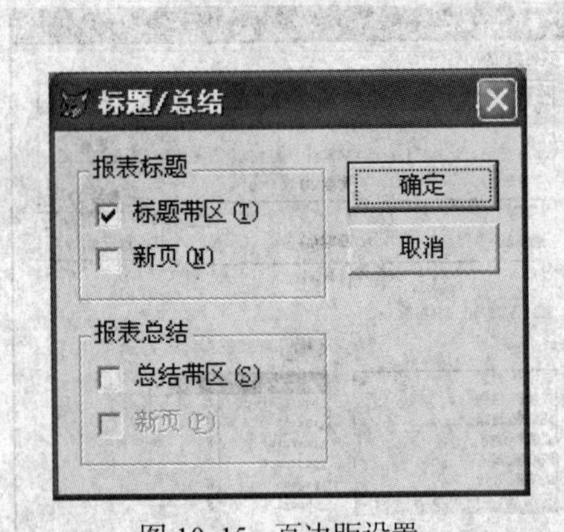

图10-15　页边距设置

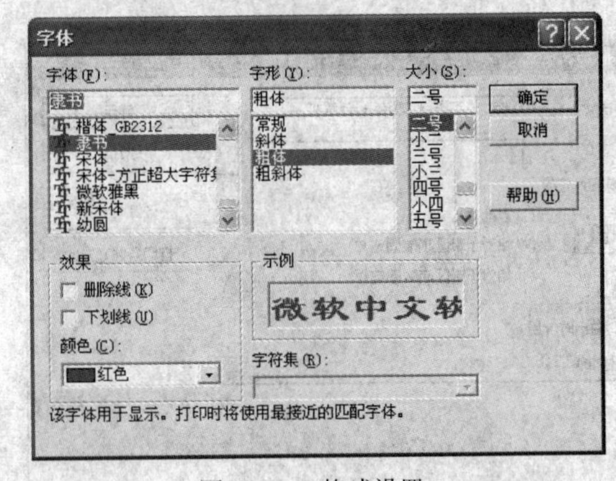

图10-16　格式设置

6）在“字体”对话框中选择“隶书”，字形为“粗体”，大小为二号，颜色为“红色”（见图10-16），再选择“格式”→“对齐”→“水平居中”命令（同样处理垂直居中），操作完毕。

【疑难解答】

1）在我们建立快速报表时，若已经打开了任意一个.DBF文件，则这个文件就自动默认为快速报表的数据源文件，所以不会再有“打开”对话框出现；因此在建立快速报表前，最好先使用USE命令关闭当前数据表文件，问题就解决了。但如果目前打开的就是所需的数据源文件，就可以不做“建立快速报表”中的第二步。

2）若题目要求只选择部分字段，则应在弹出的对话框（见图 10-9）中单击“字段”按钮，在弹出的“字段选择器”中选择所需字段，如图 10-17 所示。

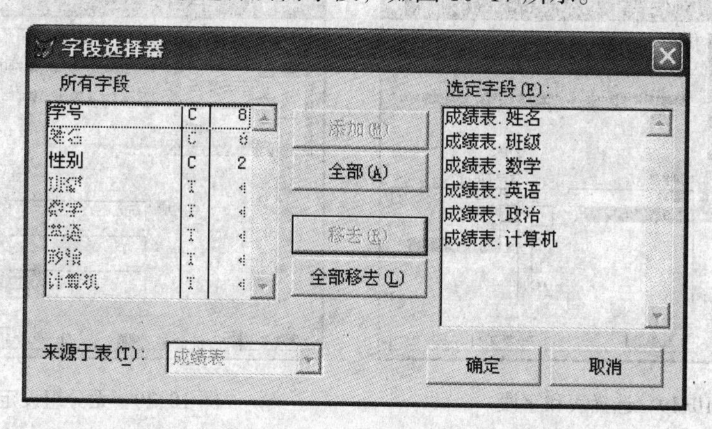

图 10-17　选取字段

2．报表“课程一览表”——操作指导

题目要求：

1）使用报表向导建立报表，报表文件名为“课程一览表.FRX”。

2）在报表中显示数据表“课程.dbf”中的部分字段，包括课程 ID，课程名，学分和任课老师。

3）报表中无分组记录，样式为“账务式”，字段布局为“列”布局，方向为“纵向”，按课程 ID 升序排序，报表标题为“课程一览表”。

其操作步骤如下：

1）选择“文件”→“新建”→“报表”命令，单击“向导”按钮，弹出“向导选取”对话框，如图 10-18 所示。

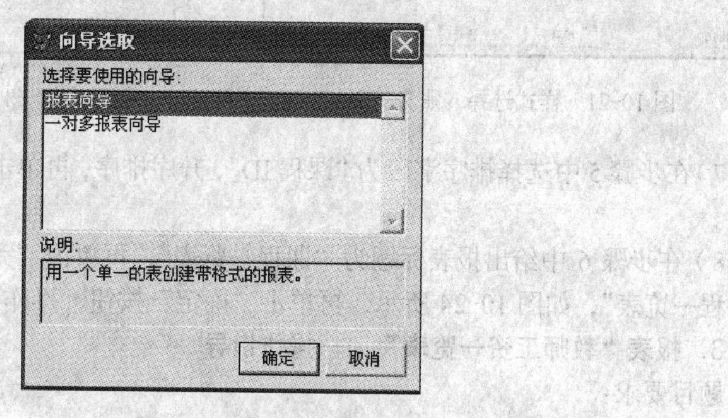

图 10-18　“向导选取”对话框

2）在“向导选取”对话框中选择“报表向导”，单击“确定”按钮，弹出“报表向导”对话框，进入向导步骤 1，如图 10-19 所示。

3）在“报表向导”对话框中单击“数据库和表”右侧的“生成器”按钮，选择数据表“课程.dbf”，再选择所需字段，单击“下一步”按钮。

4）由于题目无分组记录，所以在步骤 2 中直接单击“下一步”按钮，如图 10-20 所示。

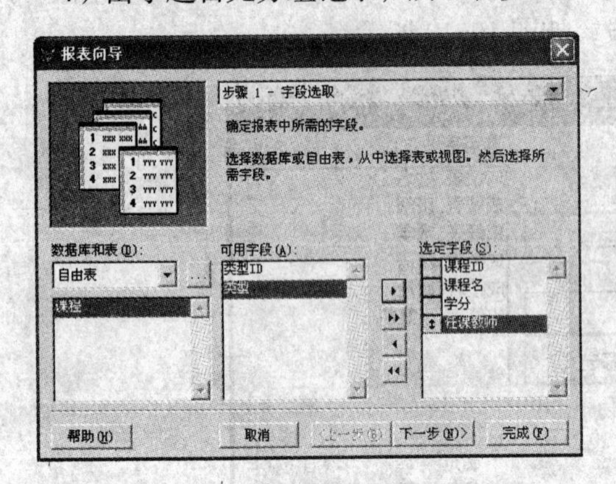

图 10-19　选择表和字段

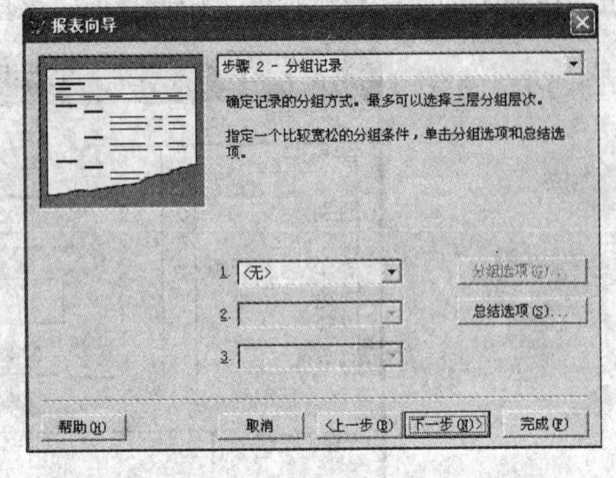

图 10-20　无分组设定

5）在步骤 3 中选择“账务式”，再单击“下一步”按钮，如图 10-21 所示。

6）在步骤 4 中选择字段布局为“列”，方向为“纵向”，再单击“下一步”按钮，如图 10-22 所示。

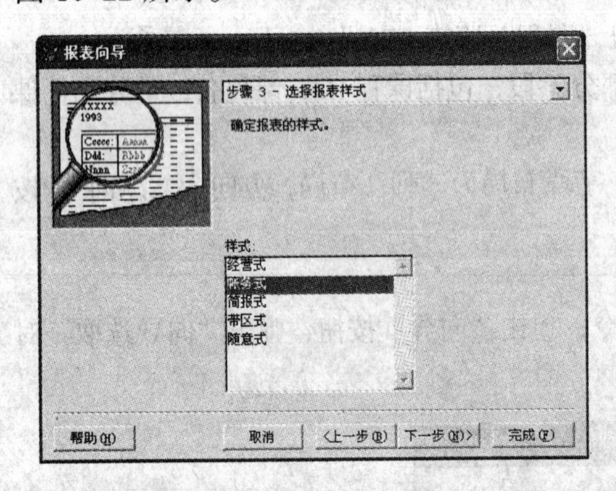

图 10-21　样式选择“账务式”

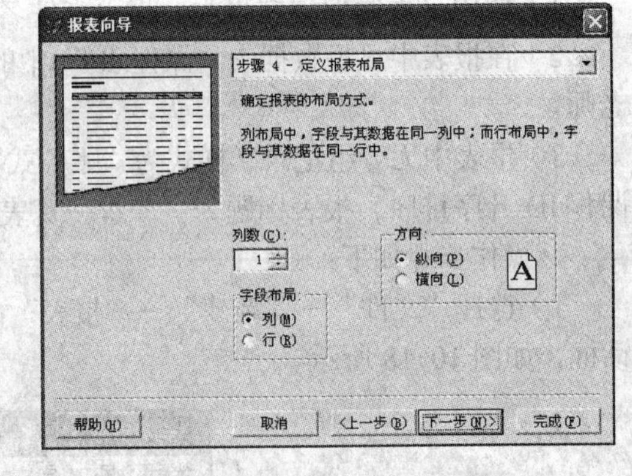

图 10-22　布局设定

7）在步骤 5 中选择排序字段为“课程 ID”，升序排序，再单击“下一步”按钮，如图 10-23 所示。

8）在步骤 6 中给出报表标题为“课程一览表”，再单击“完成”按钮，最后报表名输入“课程一览表”，如图 10-24 所示，再单击“确定”按钮，操作完毕。

3．报表“教师工资一览表”——操作指导

题目要求：

1）使用报表向导制作一个名称为“教师工资一览表.frx”的报表。

2）在报表中显示数据表教师信息表.DBF 中的部分字段（包括职称，姓名，性别和基础工资），如图 10-3 所示。

3）按“职称”进行分组，添加各种职称的工资合计；报表式样为“经营式”；排序字段选择“性别”（升序）；报表标题为“工资一览表”。

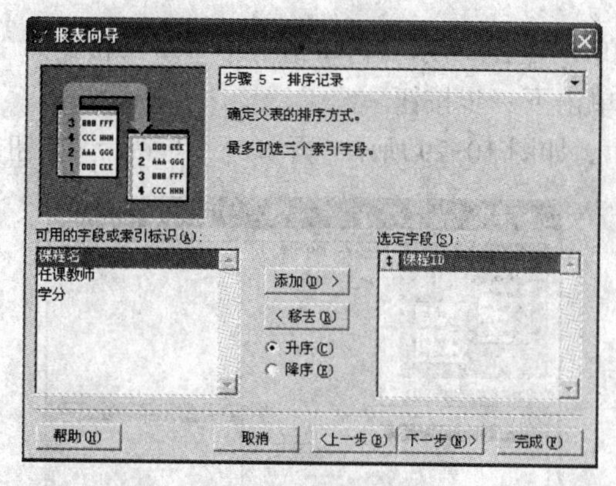

图 10-23　排序设定

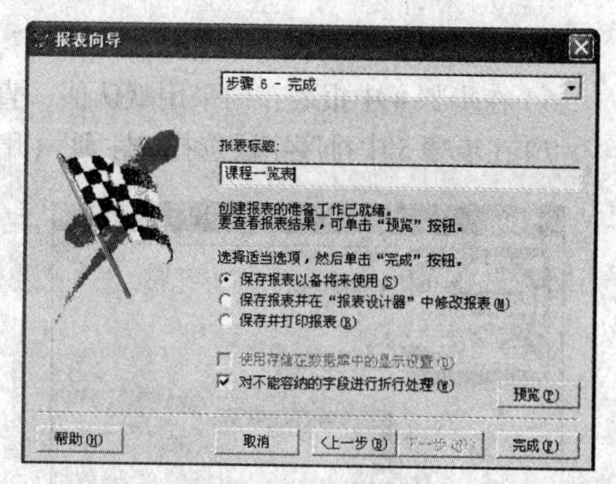

图 10-24　标题设定

其操作步骤如下：

1）选择“文件”→“新建”→“报表”命令，单击“向导”按钮，弹出“向导选取”对话框。

2）在“向导选取”对话框中选择“报表向导”，单击“确定”按钮，弹出“报表向导”对话框进入向导步骤 1；第 1）、2）两步对话框图片同实验 2，在此不赘述。

3）在“报表向导”对话框中单击“数据库和表”右侧的“生成器”按钮，选择数据表“教师信息表.dbf”，再选择字段为职称，姓名，性别，基础工资，如图 10-25 所示，单击“下一步”按钮。

4）在步骤 2 中分组记录选择“职称”，如图 10-26 所示，再单击“总结选项”按钮，在弹出的对话框中选中“基础工资”的“求和”，如图 10-27 所示，再单击“下一步”按钮。

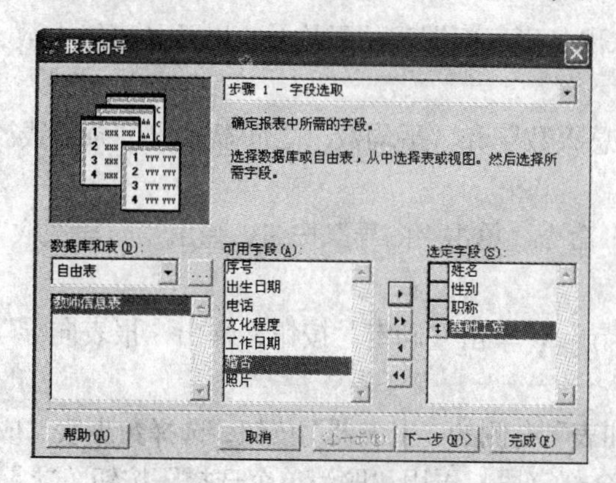

图 10-25　选取数据表和字段

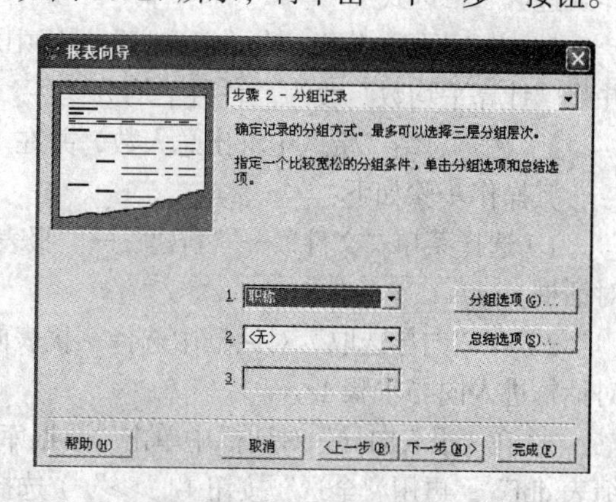

图 10-26　按“职称”分组

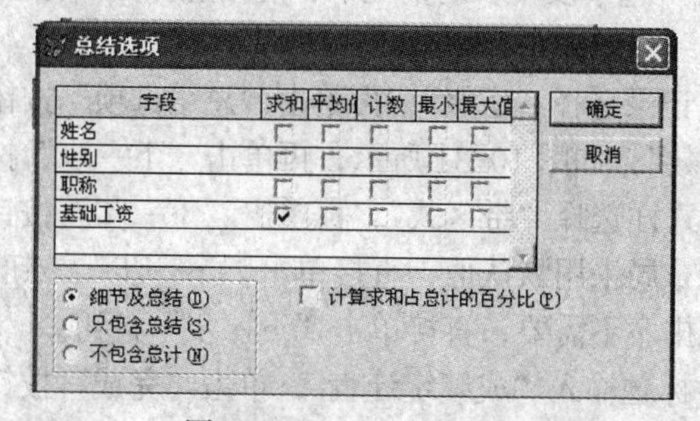

图 10-27　基础工资求和

5）在步骤 3 中报表式样选择“经营式”，如图 10-28 所示，再单击“下一步”按钮。

6）在步骤 4 中报表布局采用默认值，直接单击下一步按钮。

7）在步骤 5 中排序字段选择“性别”(升序)，如图 10-29 所示，再单击“下一步”按钮。

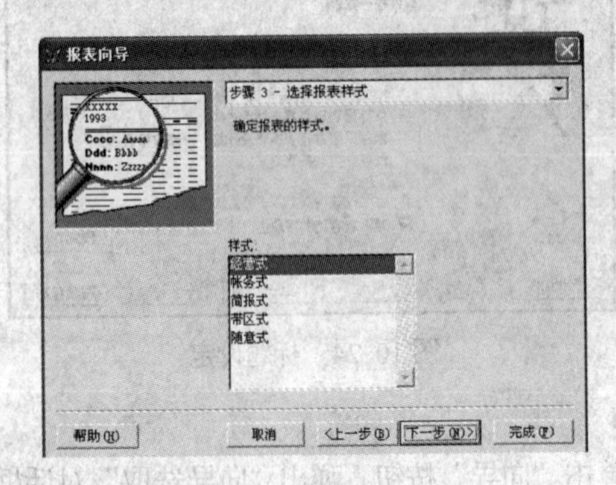

图 10-28　样式选择“经营式”

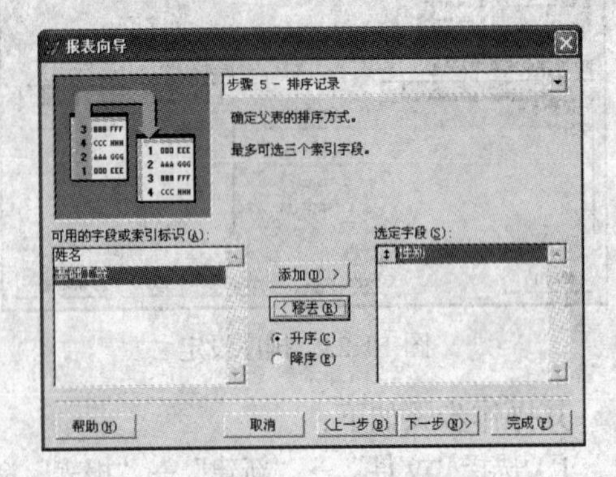

图 10-29　按“性别”排序

8）在步骤 6 中报表标题输入“工资一览表”，单击“完成”按钮，最后报表名输入“教师工资一览表”，最后单击“确定”按钮，操作完毕。

4．报表“成绩统计表”——操作指导

题目要求：

1）利用向导建立报表“成绩统计表. FRX”，字段除了学号和性别外，其他都选上，报表样式选取“带区式”。

2）按“班级”分组，在“组注脚”带区中求出各班每门课程的平均分，以及各班级人数，并将“计算平均数”改为“各科平均分”。

3）在“总结”带区中求出总人数，并在“总人数”和“平均数”之间显示出一条虚线。

其操作步骤如下：

1）选择菜单“文件”→“新建”→“报表”命令，单击“向导”按钮，弹出“向导选取”对话框。

2）在“向导选取”对话框中选择“报表向导”，单击“确定”按钮，弹出“报表向导”对话框进入向导步骤 1。

3）在“报表向导”对话框中单击“数据库和表”右侧的“生成器”按钮，选择数据表“成绩表.dbf”，再用“全选”按钮（“>>”）选择全部字段，再用“取消单个选择”按钮（“<”）去掉学号和性别字段（在所选字段较多的情况下，使用这种方法比较简捷），然后单击“下一步”按钮（如图 10-30）。

4）在步骤 2 中分组记录选择“班级”，再单击“总结选项”按钮，选中四门课程的“平均值”，姓名字段的“计数”，如图 10-31 所示，再单击“下一步”按钮。

5）在步骤 3 中报表式样选择“带区式”，再单击“下一步”按钮。

6）在步骤 4 中报表布局采用默认值，直接单击“下一步”按钮。

7）在步骤 5 中报表排序不需要，直接单击“下一步”按钮。

8）在步骤 6 中报表标题输入“成绩统计表”，单击“完成”按钮，最后报表名输入“成绩统计表”。

9）修改相关信息。首先调出报表编辑器，选择“文件”→“打开”→“报表”命令，选择刚才建立的“成绩统计表.FRX”，再修改人数计数提示信息，如图 10-32 所示。

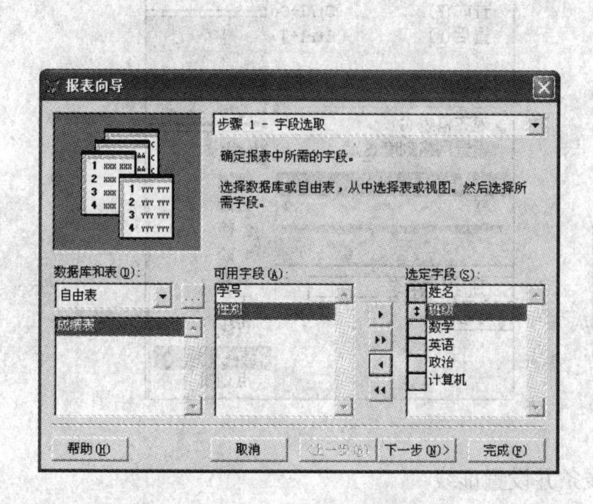

图 10-30　选择字段

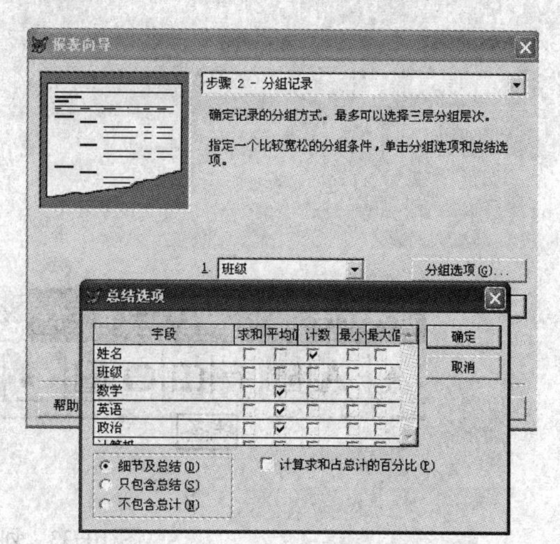

图 10-31　分组计算平均分，人数

① 修改“组注脚”带区。

- 将原来的“[计数]+TRANS(班级)+[:]”修改为“[班级]+TRANS(班级)+[人数：]”，操作方法是双击该对象，在弹出的“报表表达式”中修改。
- 将原来的“[计算平均数]+TRANS(班级)+[:]”修改为“[各科平均分]+TRANS(班级)+[：]”。

② 修改“总结”带区。

- 将原来的“[汇总计数:]”修改为“[总人数:]”。
- 将原来的“[平均数:]”修改为“[总平均分:]”。

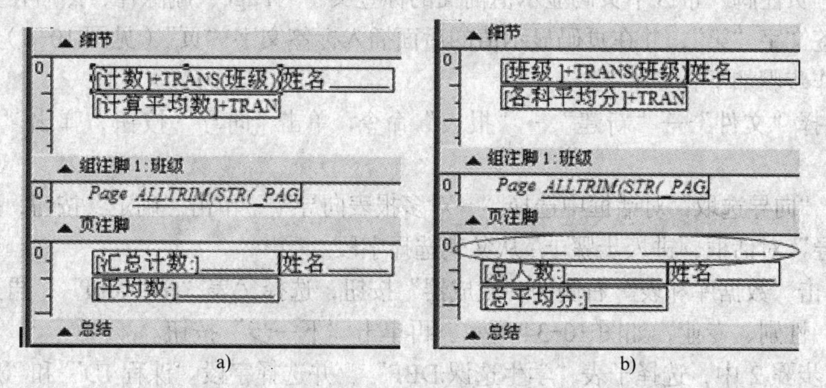

图 10-32　修改提示信息

a) 修改前　b) 修改后

③ 在总结带区上方画一条虚线。选择报表控件工具栏的“线条”按钮，在总结带区上方画一条线，并使它保留在选中状态，再选择“格式”→“绘图笔”→“虚线”命令，如图 10-33b 所示。

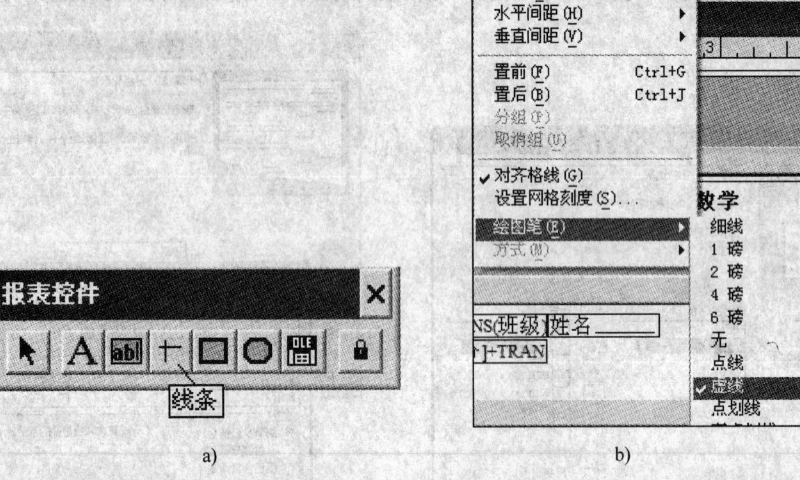

a)　　　　b)

图 10-33　划线条并设置虚线

a) 选择线条　b) 设置虚线

5．一对多报表“选修课成绩表”——操作指导

题目要求：

1）利用一对多报表向导建立报表“选修课成绩表. FRX”。

2）以“学生”为父表，“学生选课”为子表。从父表中选择学号、姓名、性别和专业字段，从子表中选择课程 ID 和成绩字段，并以学号建立起两表之间的关系；报表记录按“学号”升序排列；指定报表样式为“随意式”，方向为“纵向”，报表标题为“选修课成绩表”。

3）对该报表进行编辑。在“标题”带区第二行日期显示值的前面加入标签文字“制表日期:”；把“页注脚”带区中页码显示值前面的标签文字“Page”删除掉，然后在页码显示值前插入标签文字“第”，并在页码显示值的后面插入标签文字“页”（见图 10-6）。

其操作步骤如下：

1）选择“文件”→“新建”→“报表”命令，单击“向导”按钮，弹出“向导选取”对话框。

2）在“向导选取”对话框中选择“一对多报表向导”，单击“确定”按钮，弹出“一对多报表向导”对话框，进入步骤 1，从父表选择字段。

3）单击“数据库和表”右侧的“生成器”按钮，选择父表“学生.dbf”，再选择字段学号、姓名、性别、专业，如图 10-34 所示，再单击“下一步”按钮。

4）在步骤 2 中，选择子表“学生选课.DBF”，并选择字段“课程 ID”和“成绩”，再单击“下一步”按钮，如图 10-35 所示。

5）在步骤 3 中，以“学号”为关键字，建立 2 表之间的联系方式，如图 10-36 所示。

6）在步骤 4 中，按“学号”升序排列，如图 10-37 所示。

7）在步骤 5 中，指定报表样式为“随意式”，方向为“纵向”，报表标题为“选修课成绩表”，单击“完成”按钮，最后报表名输入“选修课成绩表”。

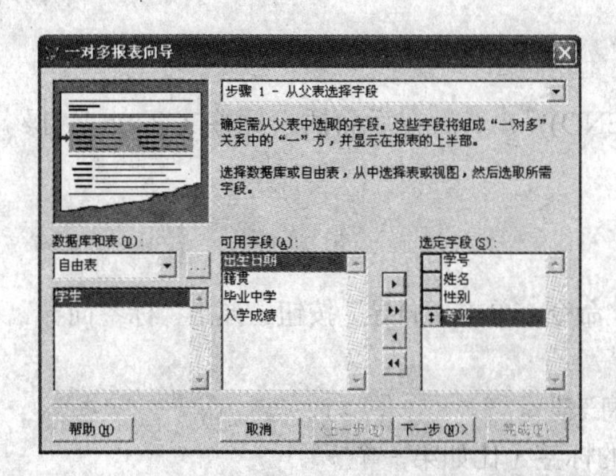

图 10-34　从父表中选择字段

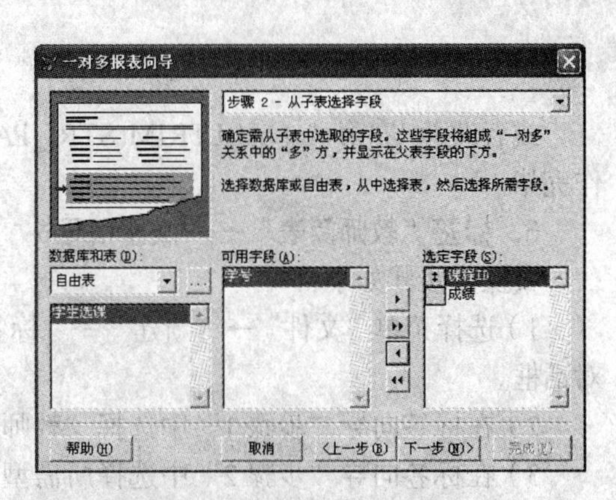

图 10-35　从子表中选择字段

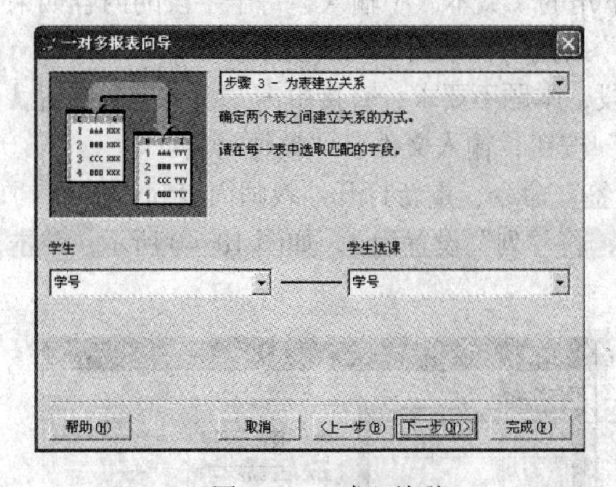

图 10-36　建立关联

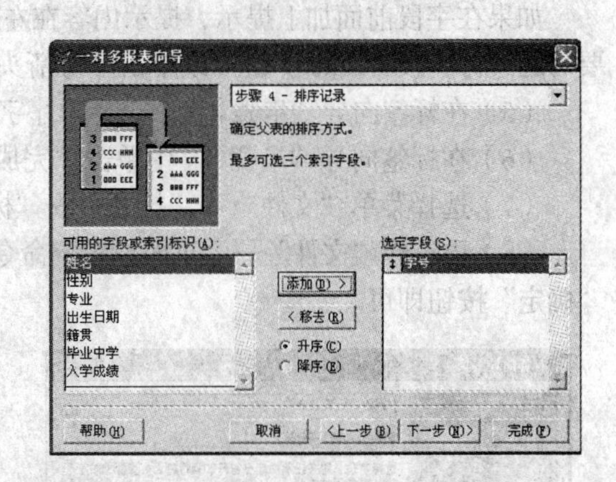

图 10-37　排序

8）修改相关信息。首先调出报表编辑器，选择“文件”→“打开”→“报表”命令，选择刚才建立的“选修课成绩表.FRX”，再修改提示信息如下：

①“标题”带区第二行日期显示值的前面加入标签文字“制表日期”。

② 去掉“页注脚”带区中标签文字“页码”（有些版本是“Page”），只要双击该对象，弹出如图 10-38 所示的对话框。

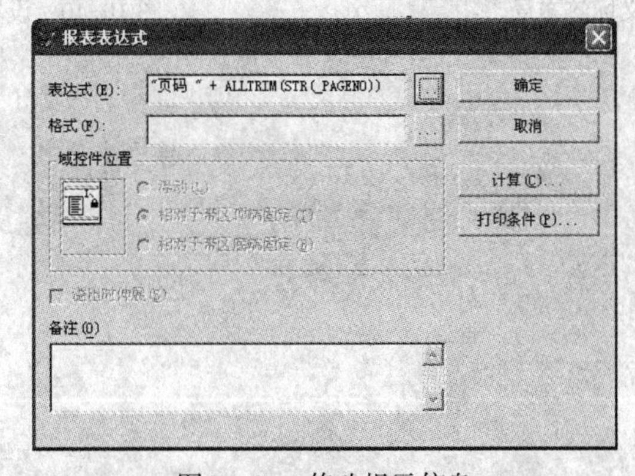

图 10-38　修改提示信息

然后将原来的表达式“"页码 " + ALLTRIM(STR(_PAGENO))”改为

“"第 " + ALLTRIM(STR(_PAGENO))+" 页"”

或者改为“"第 " + ALLTRIM(STR(_PAGENO))”，然后在后面插入标签文字"页"，操作完毕。

6. 标签“教师简表”——操作指导

其操作步骤如下：

1）选择菜单“文件”→“新建”→“标签”命令，单击“向导”按钮，弹出“标签向导”对话框。

2）在标签向导“步骤 1”中选择“教师信息表”。

3）在标签向导“步骤 2”中选择所需型号的标签（比如第一个）。

4）在标签向导“步骤 3”定义布局中选择所需的字段（按右向箭头选择）。

如果在字段前面加上提示，提示内容在左下角的“文本”中输入，每个字段的内容如果要另起一行，按〈Enter〉键（或单击“弯箭头”按钮），如图 10-39 所示。

（5）在标签向导“步骤 4”中选择排序字段，本题不要求，直接单击“下一步”按钮。

（6）在标签向导“步骤 5”中单击“完成”按钮，输入文件名“教师简表”。

（7）选择菜单“文件”→“打开”→“标签”命令，重新打开“教师简表.blx”。

（8）再选择“文件”→“页面设置”命令，将“列”设置为 3，如图 10-40 所示，单击“确定”按钮即可。

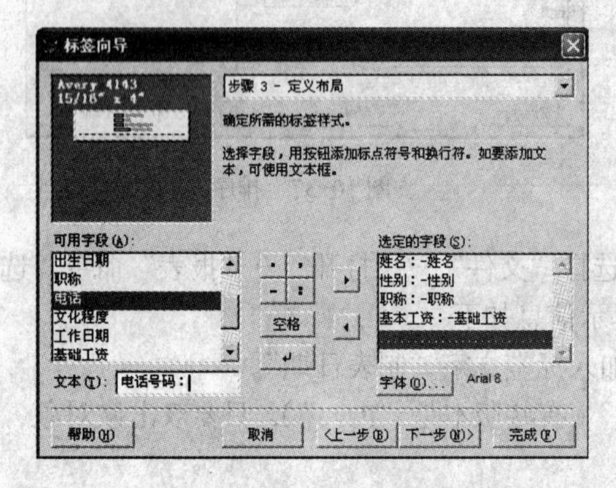

图 10-39 定义标签布局

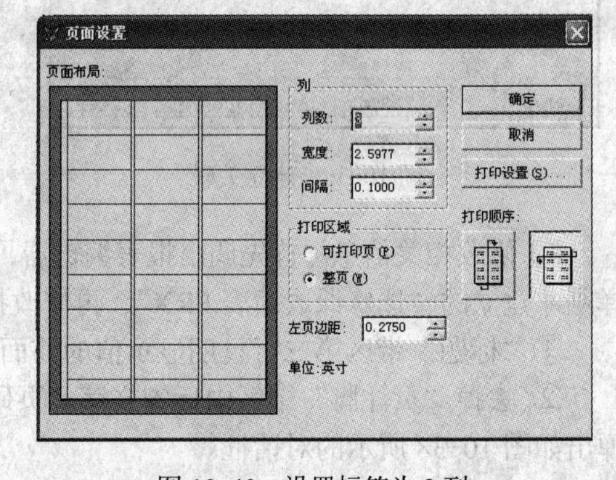

图 10-40 设置标签为 3 列

第 11 章　菜单设计技术

实验目的

- 掌握确定菜单选项任务的操作。
- 熟练掌握使用“菜单设计器”创建菜单和子菜单的方法。
- 掌握生成菜单程序的操作。
- 掌握菜单的测试和运行操作。

实验要求

1）将服务器上的文件夹“data11-1”下载到本地盘如 E:\，本章所用到的数据源文件存放在“DATA11-1”文件夹中。

2）实验完成后将整个文件夹上传到“作业”文件夹中。

实验内容

1. 使用“菜单设计器”建立应用系统菜单

（1）本题知识点

菜单设计器的使用，设计与系统菜单项功能相同的菜单项，在菜单中调用报表和表单的命令，简单的过程程序的编写。

（2）本题数据源

在“data11-1”文件夹中。

（3）要求

1）确定菜单选项的任务，本实验的菜单信息如表 11-1 所示。

表 11-1　本实验的菜单信息

菜单名称	结　果	菜单名称	结　果
文件	子菜单	打开	
		关闭	
数据维护	命令	维护教师信息表	
报表打印	子菜单	成绩统计表	命令
		教师工资一览表	命令
查询	子菜单	查询教师最高工资	过程
		建立并显示视图	过程
退出	过程		

2）按表 11-1 的菜单信息，用“菜单设计器”创建菜单名为“教务系统”的应用系统菜单（教务系统.mnx），具体要求如下：

①“文件”菜单下的“打开”和“关闭”两个菜单项要求分别与系统菜单“文件”中的“打开”项和“关闭”项功能相同。

② 在“维护教师表”菜单项中要求能打开“教师表.scx”，调用实验 9 中已经完成的表单“教师表.scx”。

③“报表打印”菜单下的“成绩统计表”和“教师工资一览表”两个菜单项要求分别能预览实验 10 中已经创建的报表“成绩统计表”和“教师工资一览表”。

④ 若选中“查询”菜单中的“查询教师最高工资”命令，则先清屏，再根据“教师信息表”查询不同性别的最高基础工资，并把查询结果直接显示于主屏幕中（而非一个浏览窗口中），若选中“建立并显示视图”命令，则会在数据库“学籍管理”中建立视图“男性教师”，该视图包含着“教师信息表”中的所有男性记录。

⑤“退出”菜单要求恢复到 VFP 系统菜单。

2．将菜单文件生成菜单程序并运行程序

（1）本题知识点

菜单的生成和运行。

（2）要求

1）将“教务系统.mnx”生成菜单程序，即“教务系统.mpr”。

2）运行“教务系统.mpr”，执行并测试所建的菜单。

实验指导

1．使用“菜单设计器”建立应用系统菜单

题目要求：

1）使用“菜单设计器”建立菜单“教务系统.mnx”；

2）菜单内容如表 11-1 所示。

其具体操作步骤如下：

1）选择“文件”→“新建”→“菜单”命令，单击“新建文件”按钮，进入“新建菜单”对话框，如图 11-1 所示。

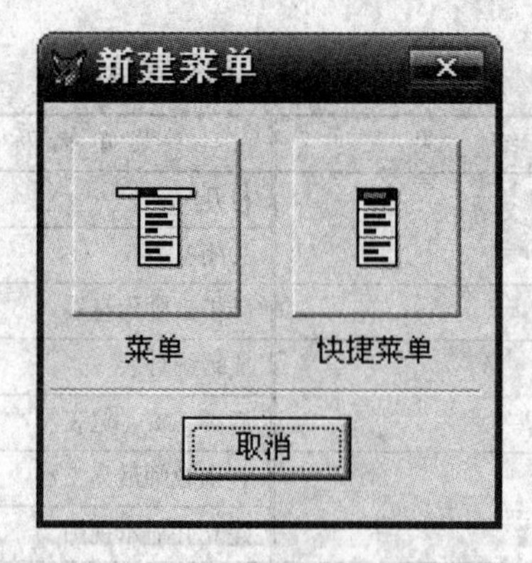

图 11-1 “新建菜单”对话框

2）在“新建菜单”对话框中，单击“菜单”按钮，进入“菜单设计器”窗口。

3）在“菜单设计器”窗口中，定义主菜单中各菜单选项名，如图 11-2 所示。

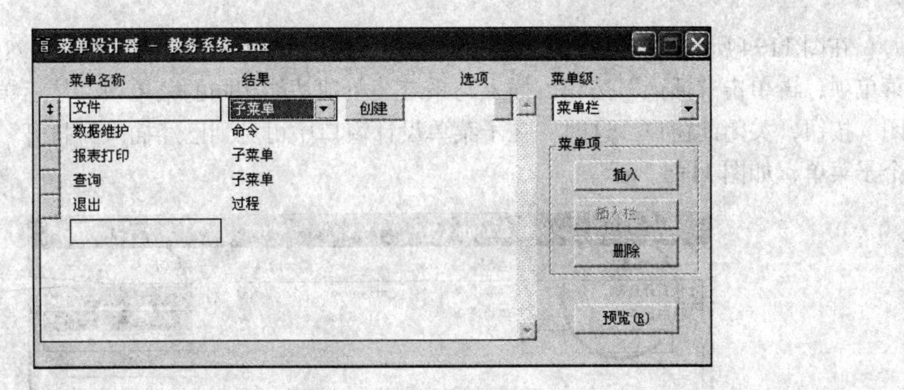

图 11-2 “教务系统”的菜单设计

4）在“菜单设计器”窗口中，选择主菜单项“文件”，在“结果”中选择“子菜单”，再单击“创建”按钮（如果已经创建了子菜单，则“创建”按钮变成“编辑”按钮），进入“菜单设计器”子菜单设计窗口，如图 11-3 所示。

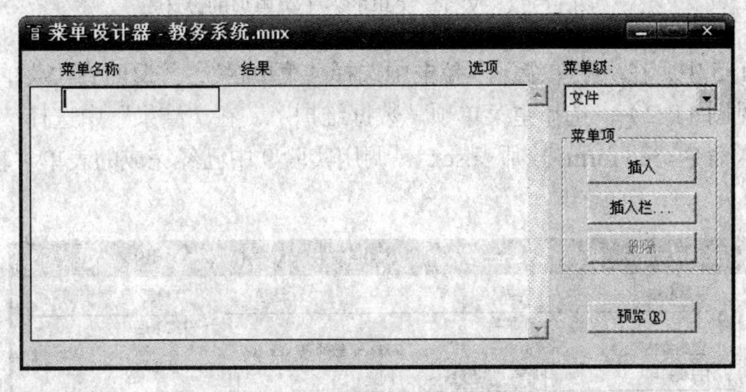

图 11-3 文件菜单设计窗口

5）为了创建与系统菜单功能相同的菜单项，在图 11-3 中单击“插入栏”按钮，这时将弹出如图 11-4 所示的窗口。

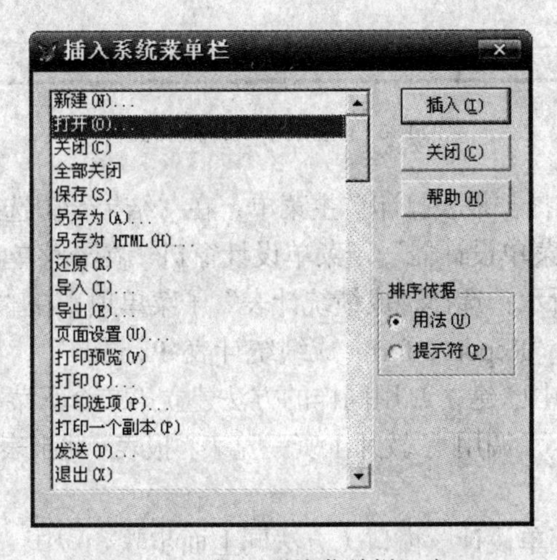

图 11-4 “插入系统菜单栏”窗口

在图 11-4 所示的窗口中，选择“关闭”菜单项，再单击“插入”按钮，然后选择“打开”菜单项，再单击“插入”按钮，插入与系统菜单项功能相同的菜单项，然后单击右侧的“关闭”按钮，关闭此窗口。这时，在子菜单设计窗口中可见到已经插入“打开”和“关闭”两个子菜单，如图 11-5 所示。

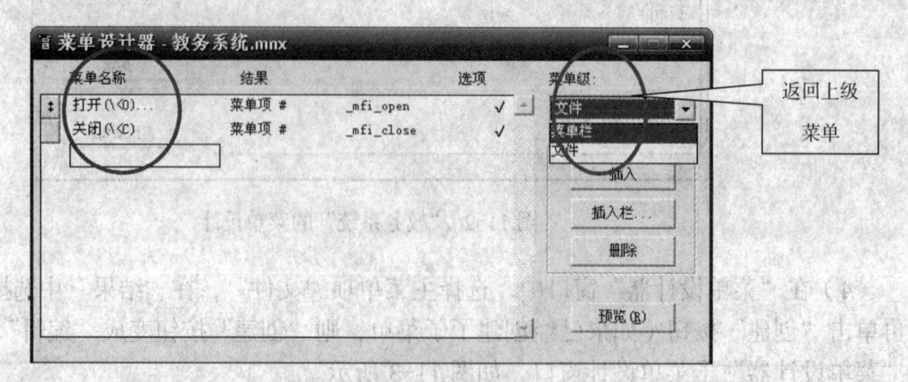

图 11-5 “文件”菜单的各子菜单项的设计

6）在图 11-5 中，在“菜单级”下拉框中选择“菜单栏”，并返回到“菜单设计器”主菜单设计窗口（见图 11-2）；选择主菜单项“数据维护”，在“结果”中选择“命令”，在右侧输入框中输入命令“do form 教师表.scx”，调用实验 9 中已经完成的表单“教师表.scx”，如图 11-6 所示。

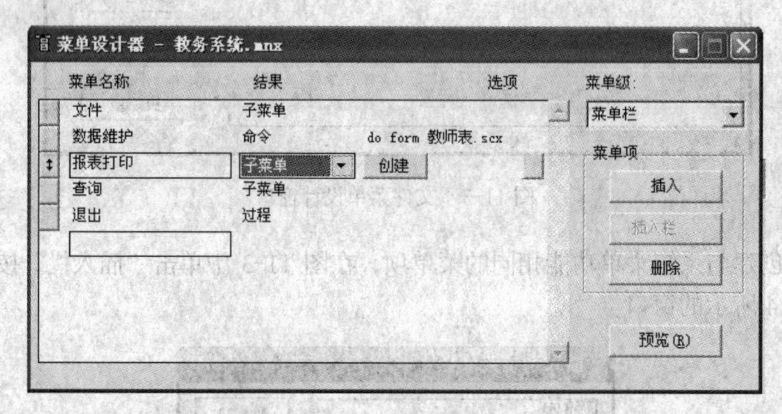

图 11-6 “主菜单设计器”窗口

7）在图 11-6 中，选择“报表打印”主菜单，在“结果”中选择“子菜单”，单击右侧的“创建”按钮，进入“菜单设计器”子菜单设计窗口，在子菜单设计器中定义子菜单中各菜单选项名，如图 11-7 所示；选择“成绩统计表”子菜单项，在“结果”中选择“命令”，在右侧输入框中输入命令“Report form 成绩统计表 Preview”，用于分页预览“成绩统计表”（此报表在实验 10-1 中已建立）；用同样的方法建立第二个子菜单，输入命令“Report form 教师工资一览表 Preview”调用“教师工资一览表”报表（此报表在实验 10-1 中已建立），如图 11-7 所示。

8）再次返回到“主菜单设计”窗口（方法同上面步骤 6）中，选择“查询”主菜单项，在“结果”中选择“子菜单”，单击右侧的“创建”按钮，进入“菜单设计器”子菜单设计窗口，定义各子菜单选项名为“查询教师最高工资”和“建立并显示视图”，分别选择“查询教师最高工资”和“建立并显示视图”子菜单选项，在“结果”中选择“过程”，单击“创建”按钮，进入过程编辑窗口，可以在此输入如图 11-8 所示的过程代码。

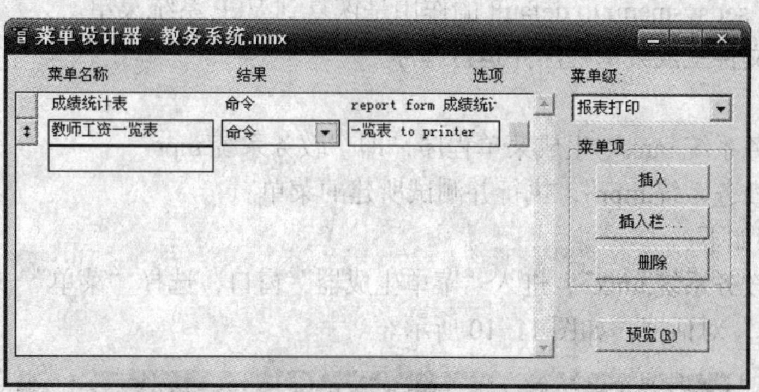

图 11-7 “报表打印”菜单项中的各子菜单项的设计

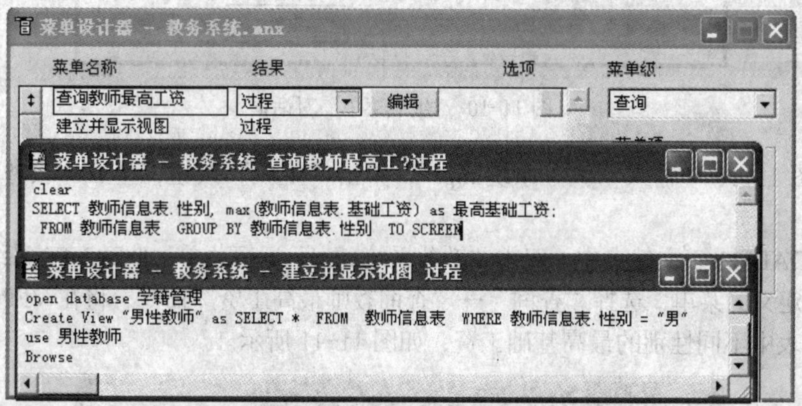

图 11-8 “查询”的各子菜单项的设计

9）再次返回到“主菜单设计器”窗口中（见图 11-2），选择主菜单项“退出”，在“结果”中选择“过程”，右侧出现“创建”按钮，单击此按钮将调出编辑窗口，如图 11-9 所示。

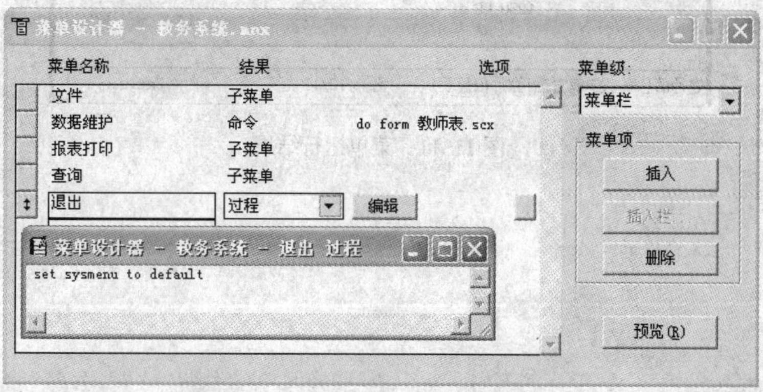

图 11-9 “退出”主菜单项的设计

在过程编辑窗口中输入以下命令：

```
set sysmenu to default
```

其中，命令 set sysmenu to default 的作用是恢复到 VFP 系统菜单。

2．将菜单文件生成菜单程序并运行程序

题目要求：

1）将“教务系统.mnx”生成菜单程序，即“教务系统.mpr”。

2）运行“教务系统.mpr”，执行并测试所建的菜单。

其操作步骤如下：

1）打开“教务系统.mnx”，进入“菜单生成器”窗口，选择“菜单”→“生成”命令，弹出“生成菜单”对话框，如图 11-10 所示。

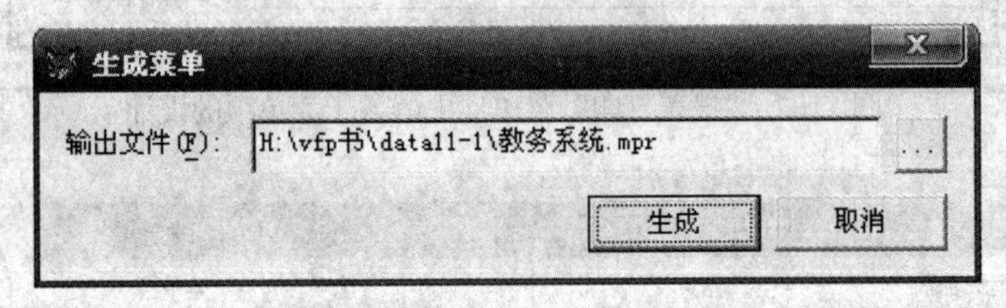

图 11-10 “生成菜单”对话框

2）在图 11-10 中输入“教务系统.mpr”，单击“生成”按钮，生成“教务系统. mpr”文件。

3）在 DATA11-1 文件夹中，双击“教务系统.mpr”运行菜单，此时 VFP 系统菜单消失，出现本题所定义的菜单，选择“查询”→“查询教师最高工资”命令，将在 VFP 主屏幕中显示教师信息表中不同性别的最高基础工资，如图 11-11 所示。

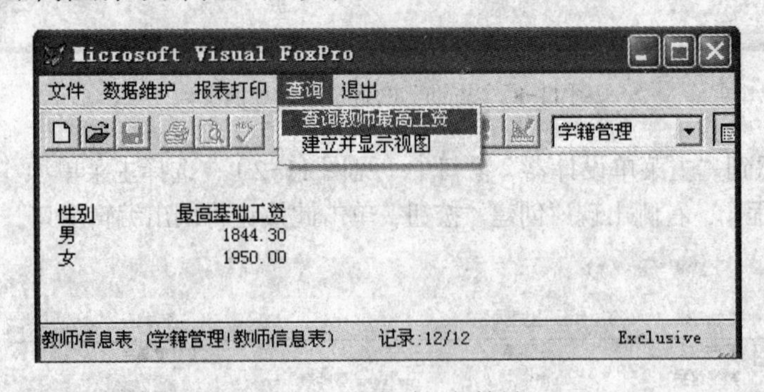

图 11-11 菜单运行结果

第 12 章　应用程序设计实验

实验目的

本章实验将开发研制一个数据库应用系统——学籍管理系统，其实现过程如下：

- 系统需求分析。
- 数据库设计。
- 创建项目及数据库。
- 主界面设计。
- 数据管理模块设计。
- 数据查询模块设计。
- 报表打印的设计。
- 系统主菜单设计。
- 顶层表单的设计。
- 系统的运行与发布。

实验要求

1）将服务器上的文件夹“data12-1”下载到本地盘如 E:\，本章所用到的数据源文件存放在“DATA12-1”文件夹中。

2）实验完成后，将整个文件夹上传到你的“作业”文件夹中。

实验内容

通过本章实验，将全面掌握应用系统开发的一般步骤和具体过程。“学籍管理”系统的部分功能模块在前面实验中已经涉及，这里按数据库应用系统开发的一般过程将它们连接起来，从整体的观点来说明各功能模块在数据库应用系统中的作用。

1. 系统需求分析

（1）本题知识点

软件工程及数据库设计方面的知识。

（2）要求

1）有计划有步骤的进行需求调研，了解问题的本质，以及用户对即将开发的数据库应用系统的确实需求。本系统要求对学生的基本信息及成绩进行管理，如查询、修改、删除和添加等操作。

2）在 1）的基础上，确定本系统的功能模块。本系统要求包括数据管理、数据查询、报表打印及退出 4 个模块，具体要求如下。

- 数据管理模块：要求创建表单，分别对学生基本信息、课程和成绩等数据进行维护；
- 数据查询模块：要求实现对学生基本信息及成绩进行浏览和查询。

- 报表打印功能：要求预览第 10 章中已经创建的“课程一览表”报表和“选修课成绩表”报表，在“DATA12-1”文件夹中已经提供了这两个报表。
- 退出功能：退出系统。

2．数据库设计

（1）本题知识点

数据库的设计及实现。

（2）要求

1）数据库及数据表设计。根据系统需求分析的结果，设计“学籍管理”系统的数据库及数据表结构。本系统所用的表包括学生表、学生选课表、课程表及管理员表，在“DATA12-1”文件夹中已经提供。

2）数据表索引及永久关联设计。

表结构确定后，确定表索引及表与表之间的永久关联。

3．创建项目及数据库

（1）本题知识点

项目的创建，数据库的创建，数据表的添加，数据表索引的创建，数据库表间的永久关系的创建。

（2）本题数据源

学生.dbf，学生选课.dbf 和课程.dbf。

（3）要求

1）创建“学籍管理”项目。

2）在项目中创建“学籍管理”数据库。

3）在数据库中添加数据表。

4）创建表索引。

5）创建数据库表间的永久关系。

4．主界面设计

（1）本题知识点

表单的创建，应用程序设计。

（2）本题数据源

管理员.dbf。

（3）要求

1）创建“登录”表单。

2）实现登录功能。要求用户登录时输入用户名和密码，如果在“管理员”表中能查找到该用户名和密码，则登录成功，并进入本章后面所创建的顶层表单“学籍管理.scx”。

5．数据管理模块设计

（1）本题知识点

表单的创建，应用程序设计。

（2）本题数据源

学生.dbf，学生选课.dbf 和课程.dbf。

（3）要求

1）实现“学生”表的维护功能。使用表单向导，创建用于维护“学生”表的“学生表维护 scx”表单，实现对“学生”表的添加、修改和删除功能。

2）实现“课程”表的维护功能。使用表单向导，创建用于维护“课程”表的“课程表维护.scx”表单，实现对“课程”表的添加、修改和删除功能。

3）实现“学生选课”表的维护功能。使用表单向导，创建用于维护“学生选课”表的“学生选课表维护.scx”表单，用于实现对“学生选课”表的添加、修改和删除功能。

6. 数据查询模块设计

（1）本题知识点

表单的创建，简单应用程序设计。

（2）本题数据源

学生.dbf，学生选课.dbf。

（3）要求

1）实现学生基本信息查询功能。创建表单“学生基本信息查询”，实现学生基本信息查询功能，要求根据学生姓名查找学生的详细信息。

2）实现学生成绩浏览功能。利用一对多表单向导创建“学生成绩浏览”表单，实现学生成绩浏览功能。

7. 报表打印模块的设计

（1）本题知识点

报表的创建，应用程序设计。

（2）本题所需要文件

选修课成绩表.frx，课程一览表.frx。

（3）要求

在第 10 章实验 10 中已经创建了“课程一览表”报表和“选修课成绩表”报表，这两个报表的.FRT 和.FTX 文件都在文件夹“data12-1”中，这里不需要重新创建，只要直接将其添加到项目中即可。

8. 系统主菜单设计

（1）本题知识点

菜单的设计与创建。

（2）本题所需文件

学生表维护.scx，学生选课表维护.scx，课程表维护.scx，学生基本信息查询.scx，学生成绩浏览.scx，选修课成绩表.frx 和课程一览表.frx。

要求：按表 12-1 所示的要求创建应用系统菜单。

表 12-1　系统主菜单结构表

数据管理	数据查询	报表打印	退　出
学生表维护 (学生表维护.scx)	学生基本信息查询 （学生基本信息查询.scx）	课程一览表 （课程一览表.frx）	
学生选课表维护 （学生选课表维护.scx）	学生成绩浏览 （学生成绩浏览.scx）	选修课成绩表 （选修课成绩表.frx）	
课程表维护 （学生选课表维护.scx）			

9．顶层表单的设计

（1）本题知识点

表单设计。

（2）本题数据源

学籍管理.mpr。

（3）要求：设计一个顶层表单，用于调用应用系统菜单“学籍管理.mpr”。

10．系统的运行与发布

（1）本题知识点

项目的连编和发布。

（2）本题数据源

项目中所有已经创建的文件。

（3）要求

1）设置主文档。

2）应用程序的生成。

3）应用程序的发布。

实验指导

1．系统需求分析

题目要求：

1）需求调研。

2）系统功能模块设计。

【具体实现】：

1）需求调研。本系统主要用于对学生的基本信息和成绩的管理，如查询、修改、删除和添加等操作。其主要包括数据管理、数据查询、报表打印及退出4个部分。

- 数据管理部分：主要对学生基本信息、学生选课和课程表进行维护，包括添加、修改和删除等操作。
- 数据查询部分：主要用于浏览和查询学生的基本信息及成绩。
- 报表打印部分：主要用于预览学生课程一览表、选修课成绩报表。
- 退出功能：关闭文件，并退出系统。

2）系统功能模块设计。根据系统需求分析，本系统的系统功能模块图如图12-1所示。

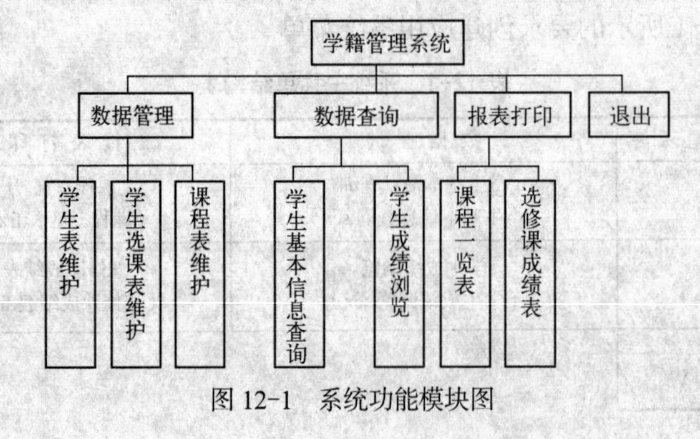

图12-1　系统功能模块图

2. 数据库设计

题目要求：

1）数据库及数据表设计。

2）数据表索引及永久关联设计。

【具体实现】：

1）数据库及数据表设计。根据需求分析及数据库设计原则，本系统需要创建一个数据库“学籍管理.dbc”，并在该数据库中加入文件夹“data12-1”中提供的“学生”、“课程”、“学生选课”和“管理员”4张数据表。各数据表的结构如表12-2～12-5所示。

表12-2 “学生”表

字段名	字段类型	宽度	说明
学号	字符型	8	主关键字，建立索引
姓名	字符型	8	
性别	字符型	2	只能填“男”或“女”
专业	字符型	16	
年级	字符型	4	
出生日期	日期型	8	
籍贯	字符型	16	
毕业中学	字符型	16	
入学成绩	整型	4	

表12-3 “课程”表

字段名	字段类型	宽度	说明
课程id	字符型	8	主关键字，建立索引
课程名	字符型	20	
类型id	字符型	2	
学分	整型	4	
类型	字符型	4	

表12-4 “学生选课”表

字段名	字段类型	宽度	说明
学号	字符型	8	外键，建立普通索引
课程id	字符型	8	外键，建立普通索引
成绩	数值型	4	1位小数位

表12-5 “管理员”表

字段名	字段类型	宽度	说明
用户名	字符型	10	主关键字
密码	字符型	6	

2）数据表索引及永久关联设计。以上表中学生、学生选课和课程这 3 个表之间有一

定的联系，它们的关系图如图 12-2 所示。

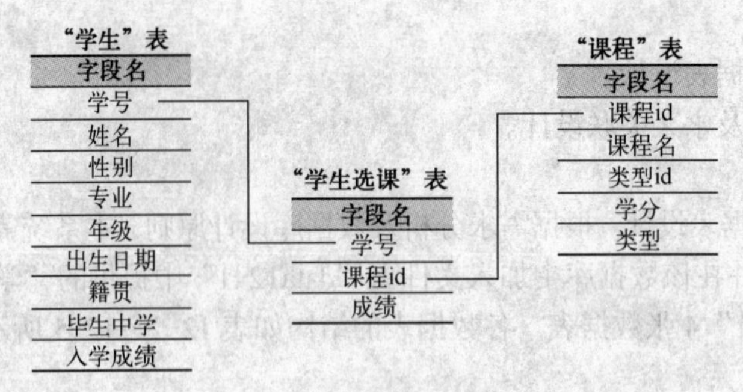

图 12-2　数据库中各表关系图

3. 创建项目及数据库

题目要求：

1）创建"学籍管理"项目。

2）在项目中创建"学籍管理"数据库。

3）在数据库中添加数据表。

4）创建表索引。

5）创建数据库表间的永久关系。

【具体实现】:

1）创建"学籍管理"项目。其创建项目的步骤如下：

① 将 VFP 中的默认目录设置为刚创建的文件夹，如 E:\DATA12-1。

② 创建项目文件。选择"文件"→"新建"→"项目"命令，在弹出的"新建"对话框中选择新建项目文件。在新弹出的对话框中选择路径（如 E:\DATA12-1）并输入项目名（如学籍管理.pjx），最后单击"保存"按钮。创建好项目后，弹出"项目管理器"窗口。

2）在项目中创建"学籍管理"数据库。在"项目管理器"窗口中，选择"数据"→"数据库"项，然后单击"新建"按钮，创建数据库"学籍管理"，这时将弹出"数据库设计器"窗口。

3）在数据库中添加数据库表。在"数据库设计器"中添加"学生"表、"学生选课"表、"课程"表和"管理员"表，在管理员表中任意输入几条记录；添加数据库后的项目管理器如图 12-3 所示。

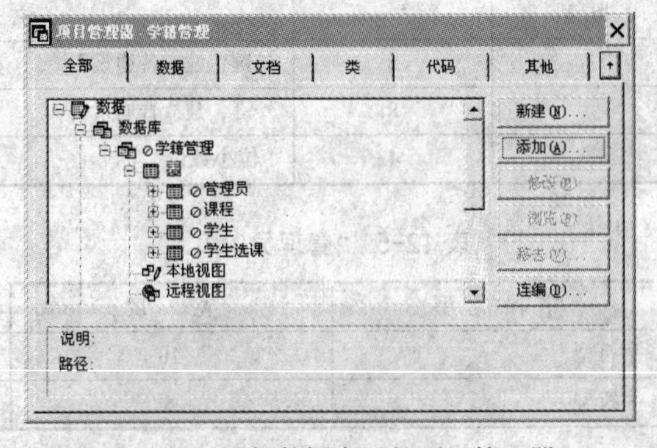

图 12-3　添加数据库后的项目管理器

4）创建表索引。创建方法在第 5 章实验中已经介绍，具体步骤如下：

① 打开“学生”表的表设计器，在“索引”选项卡中以“学号”为关键字创建主索引。

② 按照①的方法，以“课程 id”为关键字创建“课程”表的主索引。

③ 分别以“学号”、“课程 ID”为关键字在“学生选课”表中创建普通索引。

5）创建数据库表间的永久关系。在“数据库设计器”中，选中“学生”表中的主索引学号，按住其左动，将其拖动到“学生选课”表中的普通索引“学号”上，然后松开左键。这时，在“学生”表和“学生选课”表之间将出现一条连线，表示“学生”表和“学生选课”表之间已经创建了一对多永久关系；用同样的方法创建“课程”表和“学生选课”表之间的永久关系，创建结果如图 12-4 所示。

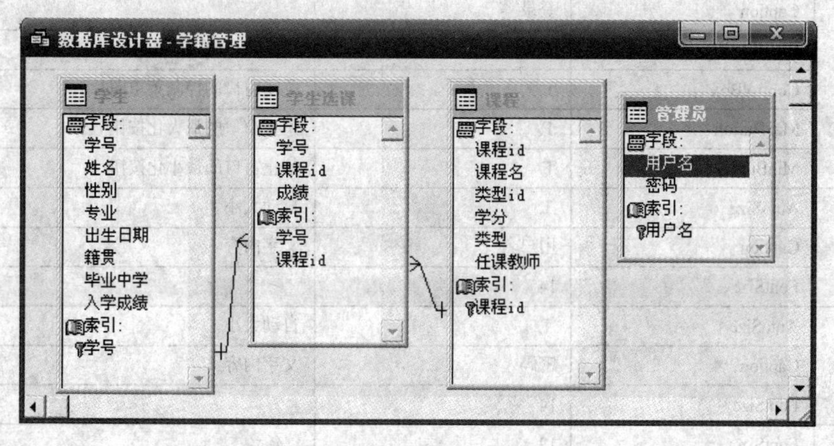

图 12-4　各表之间的永久关系图

4．主界面设计

题目要求：

1）创建“登录”界面

2）实现登录功能

【具体实现】:

1）创建“登录”界面，可以通过表单来实现登录功能。建立“登录.scx”表单，用于对登录用户进行身份验证，在输入正确的用户名及密码后，才能进入“学籍管理.scx”顶层表单。“登录.scx”表单运行界面如图 12-5 所示。

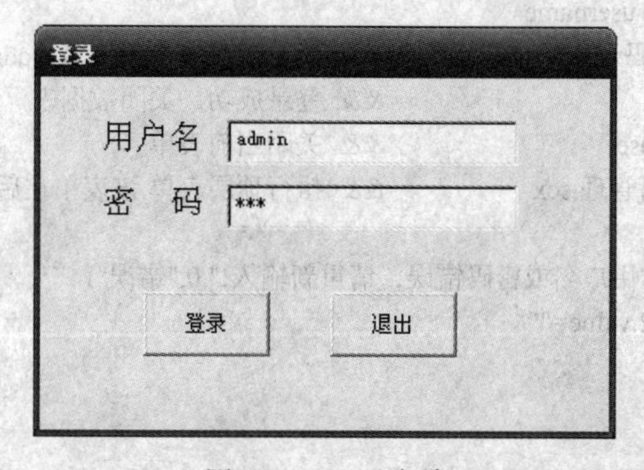

图 12-5　登录表单

其具体设计步骤如下：

① 在项目管理器中选择“文档”选项卡，选择“表单”后单击“新建”按钮，再单击“新建表单”按钮，进入“表单设计器”。

② 为表单添加合适的控件并设置属性，具体参数设置如表 12-6 所示。

表 12-6 “登录”表单控件属性设置

对　象	属　性	属 性 值	说　明
Form1	AlwaysOnTop	.T.	防止其他窗口遮住表单
	AutoCenter	.T.	自动居中
	Caption	登录	
	Closable	.F.	禁止窗口的关闭按钮
	ControlBox	.F.	关闭窗口的控制菜单图片
	MaxButton	.F.	禁止窗口的最大化按钮
	MinButton	.F.	禁止窗口的最小化按钮
Label1	AutoSize	.T.	自动大小
	Caption	用户名	文字内容
	FontSize	14	
Label2	AutoSize	.T.	自动大小
	Caption	密码	文字内容
	FontSize	14	
Text1	FontSize	12	
Text2	FontSize	12	
	PasswordChar	*	显示密码占位符
Command1	Caption	登录	
Command2	Caption	退出	

2）实现登录功能。具体设计步骤如下：

① 为 Command1 的 Click event 添加如下代码。

```
username=alltrim(thisform.text1.value)   && alltrim 函数用于去除字符串前后的空格
pwd=alltrim(thisform.text2.value)
use 管理员                               && 打开管理员表
locate for 用户名= username
if found() .and. 密码=pwd                && 运行时可输入用户名：admin  密码：123
    use                                  && 登录成功，关闭数据表
    thisform.release                     && 关闭当前表单
    do form 学籍管理.scx                 && 执行顶层表单,该表单在后面创建
else
    messagebox("用户名或密码错误，请重新输入!",0,"错误")
    thisform.text2.value=""
    use
endif
```

② 为 Command2 的 Click event 添加如下代码。

```
answer=messagebox("是否确定要退出系统",4+32,"确定")
if answer=6                              && 如果用户单击了“确定”按钮
      thisform.release
      quit
else
      thisform.text1.setfocus
endif
```

③ 文件名称保存为“登录.scx”。

5．数据管理模块设计

题目要求：

1）实现“学生”表的维护功能。

2）实现“课程”表的维护功能。

3）实现“学生选课”表的维护功能。

【具体实现】：

在项目管理器中选择 “文档”选项卡，选择“表单”后单击“新建”按钮，再单击“表单向导”按钮，利用表单向导分别创建“学生表维护.SCX”、“课程表维护.SCX”和“学生选课表维护.SCX”3 张表单。其结果分别如图 12-6、图 12-7 和图 12-8 所示。

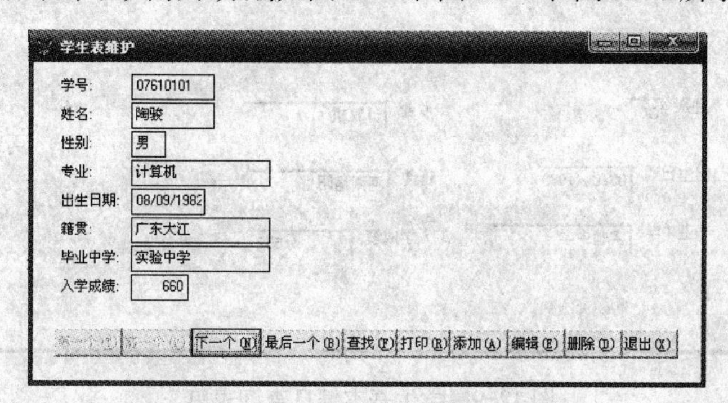

图 12-6 学生表维护

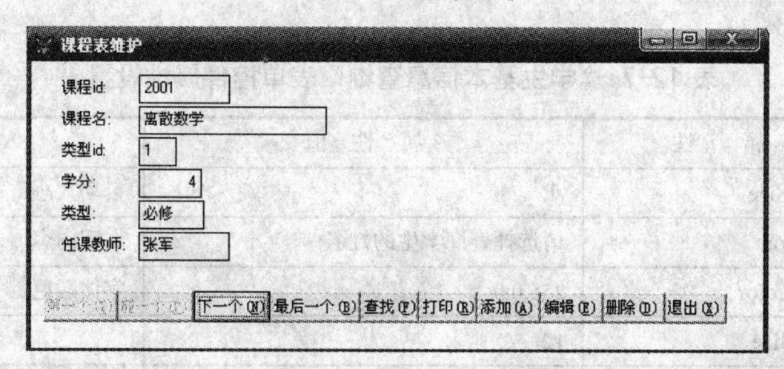

图 12-7 课程表维护

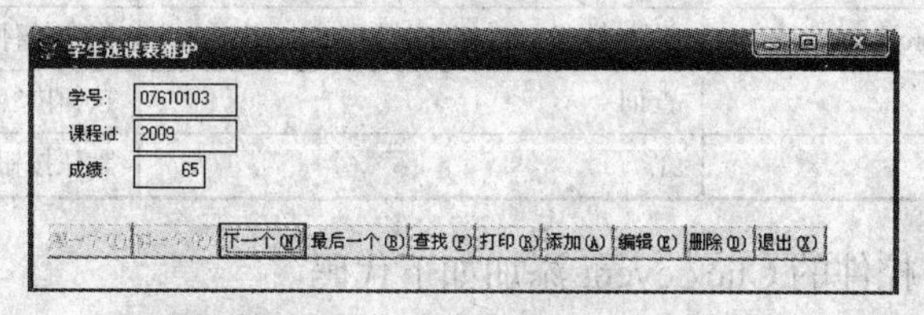

图 12-8 学生选课表维护

6．数据查询模块设计

题目要求：

1）实现学生基本信息查询功能。

2）实现学生成绩浏览功能。

【具体实现】：

1）实现学生基本信息查询功能。其操作步骤如下：

① 在项目管理器中选择“文档”选项卡，选择“表单”后单击“新建”按钮，再单击“新建表单”按钮，进入“表单设计器”。

② 为表单设置属性。Caption 属性设置为“学生基本信息查询”，ShowWindows 的属性设置为“1—在顶层表单中”。

③ 为表单添加合适的控件，所添加的控件及相关属性的设置如表 12-7 所示，其余控件均直接从数据环境中拖动出来。表单运行结果如图 12-9 所示。

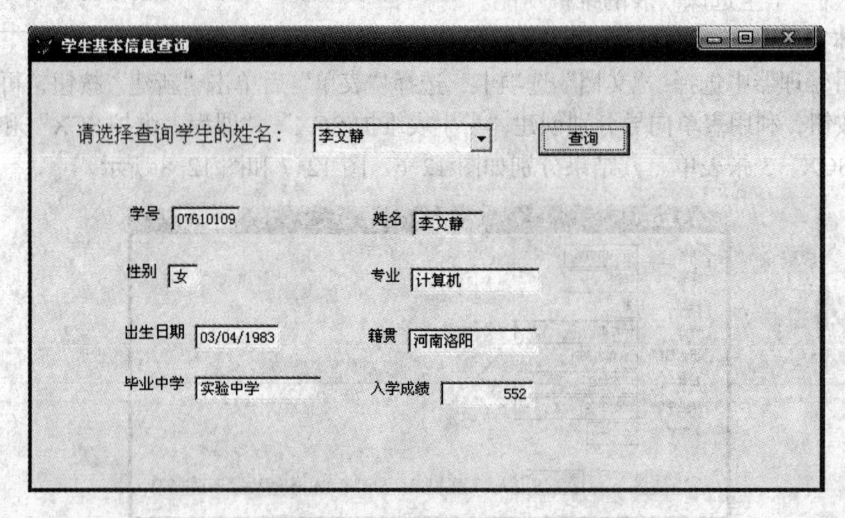

图 12-9 学生基本信息查询表单

表 12-7 “学生基本信息查询”表单控件属性设置

对　象	属　性	属 性 值	说　明
Label1	AutoSize	.T.	自动大小
	Caption	请选择查询学生的姓名:	文字内容
	ForeColor	255,0,0	字体颜色
	FontSize	12	
Combo1	RowSourceType	6-字段	指定控件中数据值的源的类型
	RowSource	学生.姓名	指定控件中数据值的源
Command1	Caption	查询	按钮内容
	Default	.T.	默认按钮

④ 为 Command1 控件的 Click event 添加如下代码。

```
sname=alltrim(thisform.combo1.value)
```

```
scan
      if 学生.姓名=sname
            thisform.refresh
            return
      endif
endscan          &&姓名是下拉框并已经绑定姓名字段，故不需判断查找不到的情况
```

⑤ 保存表单为“学生基本信息查询.SCX”。

2）实现学生成绩浏览功能。其操作步骤如下：

在项目管理器中选择“文档”选项卡，选择“表单”后单击“新建”按钮，再单击“表单向导”按钮。利用一对多表单向导创建“学生成绩浏览.SCX”，结果如图 12-10 所示。

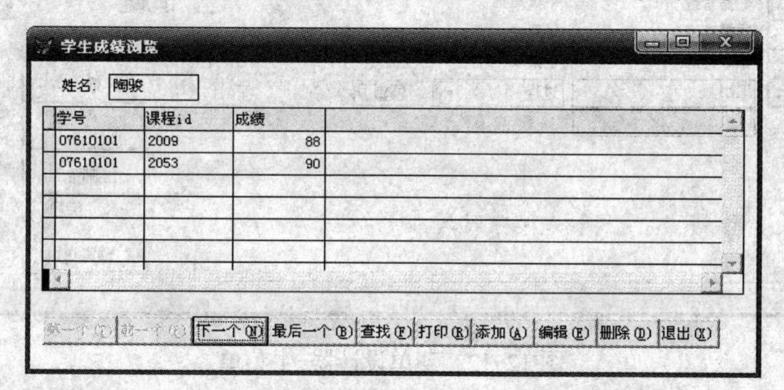

图 12-10 学生成绩浏览表单

7. 报表打印模块的设计

题目要求：

1）“课程一览表”报表的实现。

2）“选修课成绩表”报表的实现。

【具体实现】:

1）在第 10 章的实验中已经创建了“课程一览表”报表和“选修课成绩表”报表，这两个报表的.FRT 和.FTX 文件都在文件夹“data12-1”中，这里不需要重新创建，只要直接添加即可。

2）在项目管理器中选择“文档”选项卡，选择“报表”后单击“添加”按钮，分别将这两个报表加入到项目中，如图 12-11 所示。

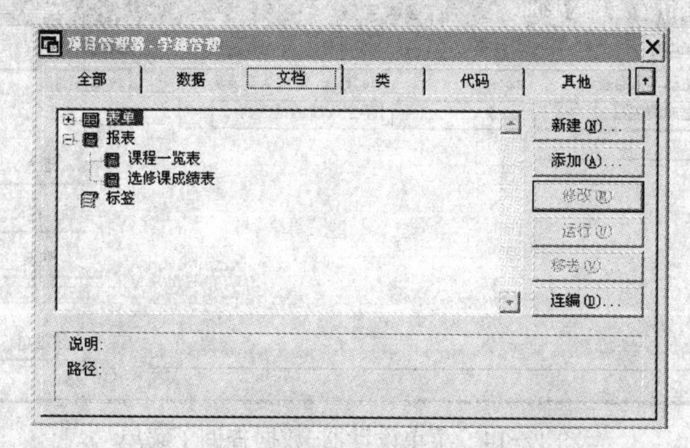

图 12-11 添加报表后的项目管理器

8. 系统主菜单设计

题目要求：按表 12-1 的要求创建菜单。

其具体设计步骤如下：

1）在项目管理器中选择“其他”选项卡，然后选择“菜单”，单击“新建”按钮，弹出的菜单设计器。

2）按表 12-1 的要求填入菜单设计器，其效果如图 12-12、图 12-13、图 12-14 和图 12-15 所示。

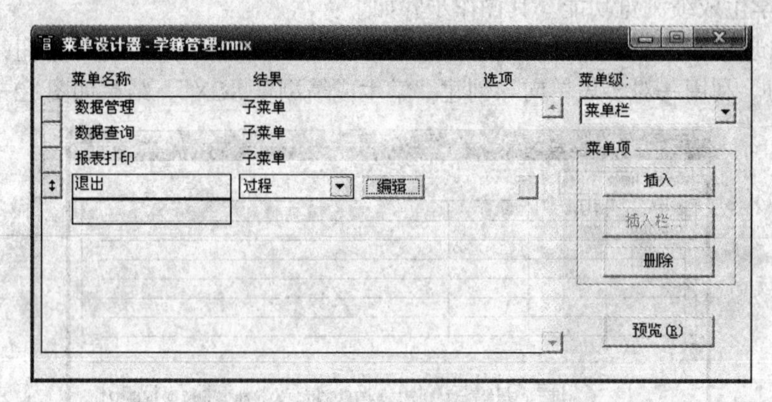

图 12-12　菜单设计器-主菜单

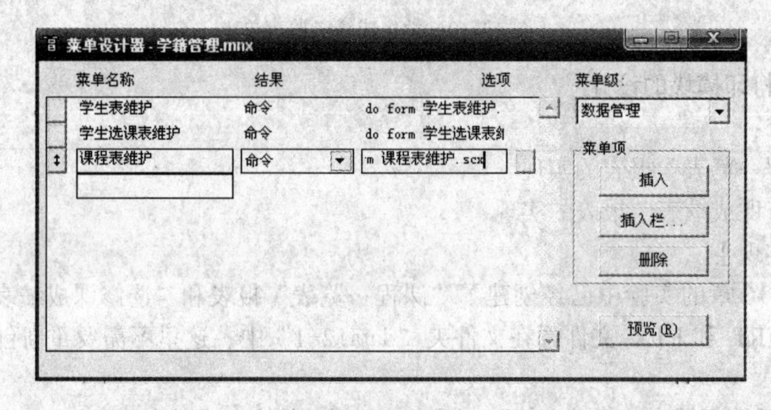

图 12-13　菜单设计器-数据管理子菜单

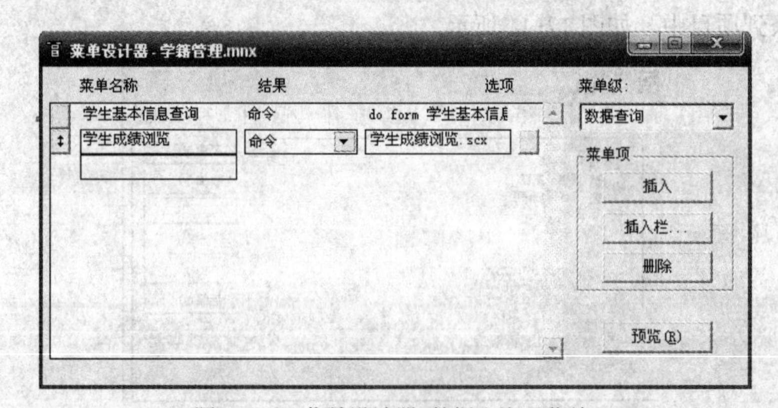

图 12-14　菜单设计器-数据查询子菜单

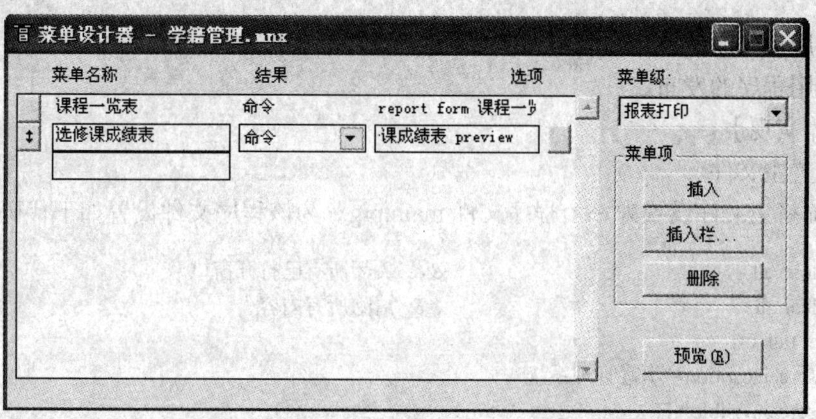

图 12-15　菜单设计器-报表打印子菜单

在图 12-13 中的“结果”分别选择“命令”，并分别在右边文本框中输入“do form 学生表维护.scx”、“do form 学生选课表维护.scx”和“do form 课程表维护.scx”命令。

在图 12-14 中的“结果”分别选择“命令”，并分别在右边文本框中输入“do form 学生基本信息查询.scx”和“do form 学生成绩浏览.scx”命令。

在图 12-15 中的“结果”分别选择“命令”，并分别在右边文本框中输入“Report form 课程一览表 Preview”和“Report form 选修课成绩表 preview”命令。

3）由于“退出”菜单项为一个过程，因此需要把“退出”菜单项的“结果”设置为“过程”。并为该过程添加如下代码：

```
clear
close all
clear events          && 结束事件循环，与主程序的 Read Events 命令相对应
quit
```

4）选择“显示”→“常规选项”命令，在弹出的窗口中勾选“顶层表单”。

5）保存文件，文件名为“学籍管理.mnx”。

6）选择“菜单”→“生成”命令，生成菜单程序文件“学籍管理.mpr”。

9．顶层表单的设计

题目要求：设计一个顶层表单，用于调用应用系统菜单。

【具体实现】：

1）用“表单设计器”创建一个新的表单。将表单的 Show Window 属性设置为“2-作为顶层表单”，将表单的 Caption 属性设置为“学籍管理”。

2）在表单的 Init 事件中，使用以下命令调用菜单程序“学籍管理.mpr”。

```
DO 学籍管理.mpr WITH this,.T.
```

3）保存表单为“学籍管理.scx”。

10．系统的运行与发布

题目要求：

1）设置主文档。

2）应用程序的生成。

3）应用程序的发布。

【具体实现】:

1）设置主文件。

本系统将主文件设置为一个程序文件 main.prg。为该程序文件设置如下代码：

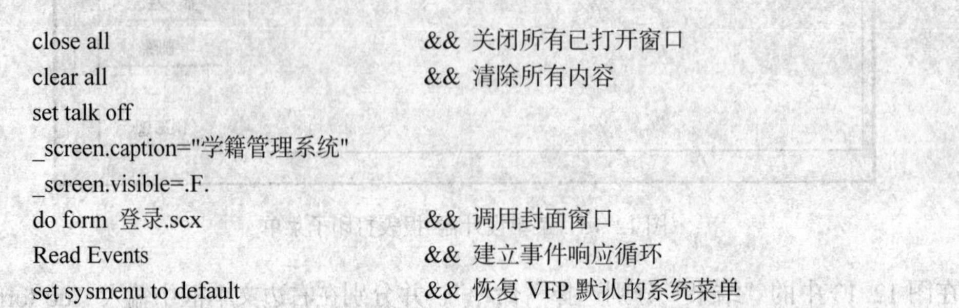

```
close all                          && 关闭所有已打开窗口
clear all                          && 清除所有内容
set talk off
_screen.caption="学籍管理系统"
_screen.visible=.F.
do form 登录.scx                   && 调用封面窗口
Read Events                        && 建立事件响应循环
set sysmenu to default             && 恢复 VFP 默认的系统菜单
```

最后选择“项目管理器”的“代码”选项卡，找到 Main 程序。对 Main 程序右击，在弹出的快捷菜单中选择“设置主文件”命令，把 Main.prg 程序文件设置为主文件。

2）应用程序的生成。其操作步骤如下：

① 在项目管理器中单击“连编”按钮，将会弹出“连编选项”对话框，如图 12-16 所示。

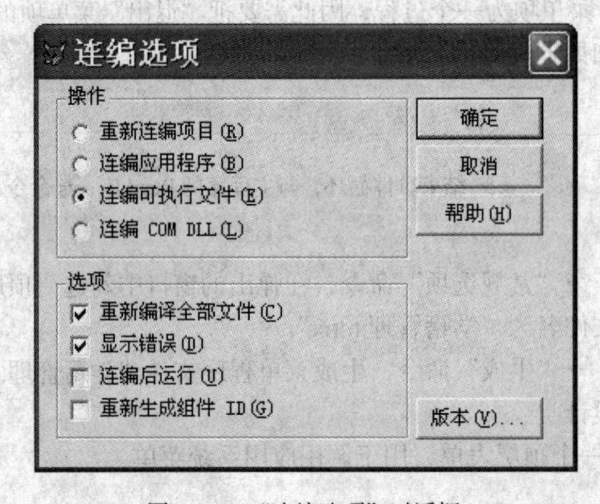

图 12-16 “连编选项”对话框

② 在本实验中选择“连编可执行文件”，单击“确定”按钮得到“学籍管理.EXE”文件，双击“学籍管理.EXE”文件可运行本系统，运行时在登录界面上可输入用户名：admin，密码：123。

3）应用程序的发布。利用 VFP 的应用程序安装向导，创建用于发布应用程序的安装盘。其操作步骤如下：

① 创建发布树目录，将“data12-1”目录设置为发布树目录。

② 启动安装向导。选择“工具”→“向导”→“安装”命令，打开“安装向导”对话框（步骤 1），如图 12-17 所示。

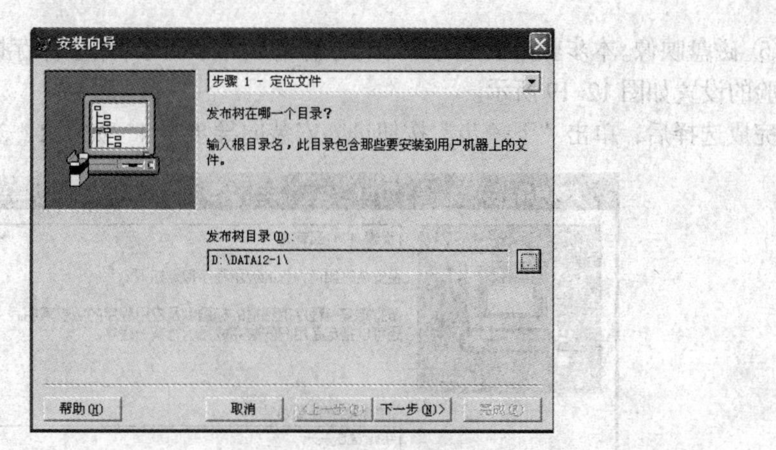

图 12-17 “安装向导（步骤 1）”对话框

单击⋯按钮，可以选择一个目录作为发布树目录，本例选择“D:\DATA12-1”目录。选择好目录后，点击“下一步”按钮进入安装向导步骤 2,如图 12-18 所示。

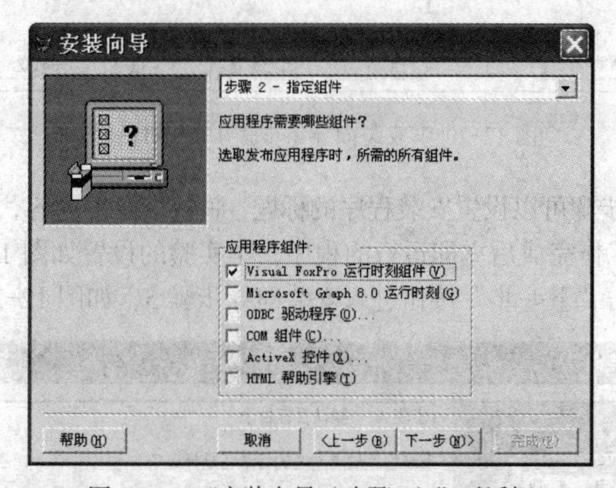

图 12-18 “安装向导（步骤 2）”对话框

③ 指定组件。指定应用程序需要用到的组件，如图 12-18 所示。

④ 完成选择后，单击“下一步”按钮进入安装向导步骤 3，如图 12-19 所示。

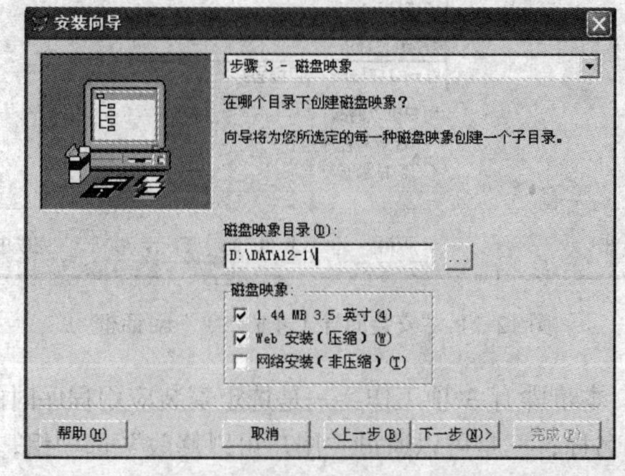

图 12-19 “安装向导（步骤 3）”对话框

⑤ 磁盘映像。本步骤需要选择一个目录作为发布子目录，用于保存指定类型的磁盘映像。本实验的设置如图 12-19 所示。

完成选择后，单击“下一步”按钮进入安装向导步骤 4，如图 12-20 所示。

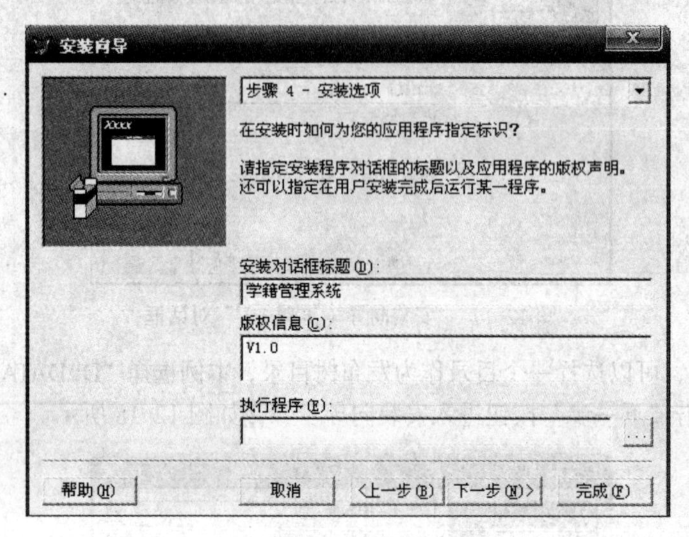

图 12-20 “安装向导（步骤 4）”对话框

⑥ 安装选项。本步骤可以设置安装程序的标题、版权信息等内容，还可以在“执行程序”框中指定一个在安装工作完成后立即运行的程序，本实验的设置如图 12-20 所示。

完成选择后，单击“下一步”按钮进入安装向导步骤 5，如图 12-21 所示。

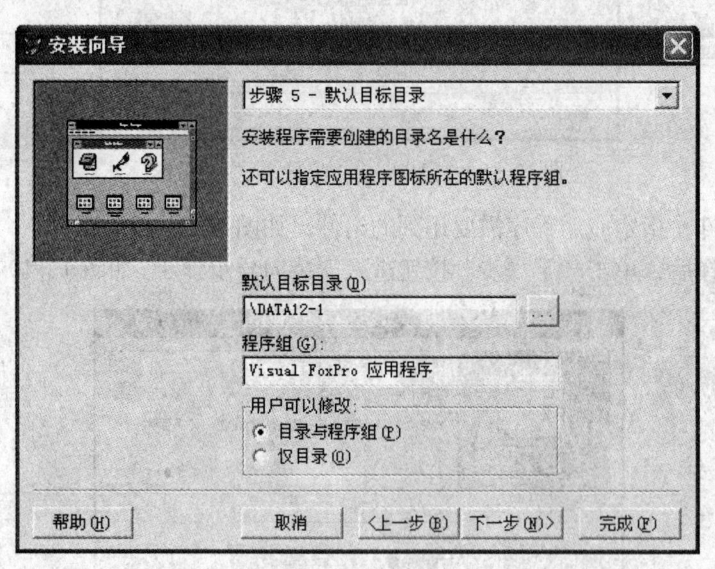

图 12-21 “安装向导（步骤 5）”对话框

⑦ 默认目标目录。本步骤有 3 项工作：一是选定安装应用程序时的“默认目标目录”；二是输入“程序组”的名称；三是可以通过“用户可以修改”选项组，指定用户在安装程序是否可以自行修改目录及程序组名。本实验的设置如图 12-21 所示。

完成选择后，单击“下一步”按钮进入安装向导步骤 6，如图 12-22 所示。

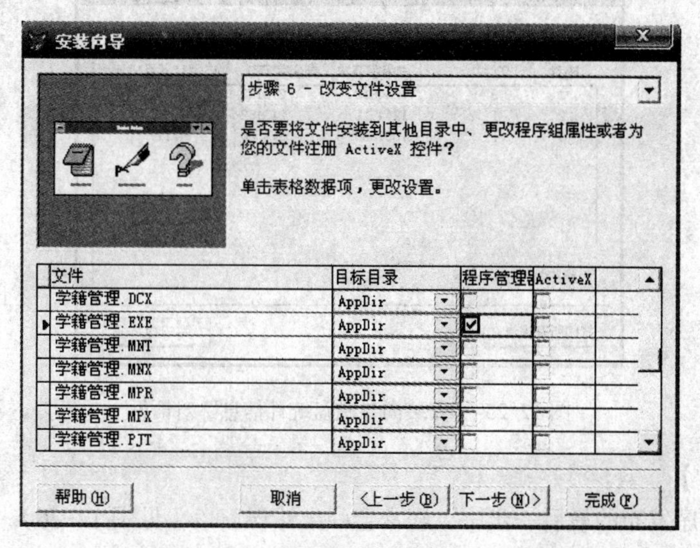

图 12-22 “安装向导（步骤 6）”对话框

⑧ 改变文件设置。本步骤需要选择出现在程序组中的项目，在选择对应文件（这里选择了“学籍管理.exe”）的“程序管理器”复选框后，将会弹出“程序组菜单项”对话框，本实验中为“学籍管理.EXE”文件设置如图 12-23 所示的属性。

完成选择后，单击“确定”按钮，返回步骤 6。

⑨ 完成。在步骤 6 中，单击“下一步”按钮进入安装向导步骤 7，如图 12-24 所示。本步骤中，如果以前在“步骤 3-磁盘映像”对话框中设置了“Web 安装（压缩）”复选框，则在此需要选中“生成 Web 可执行文件”复选框。最后单击“完成”按钮即可。

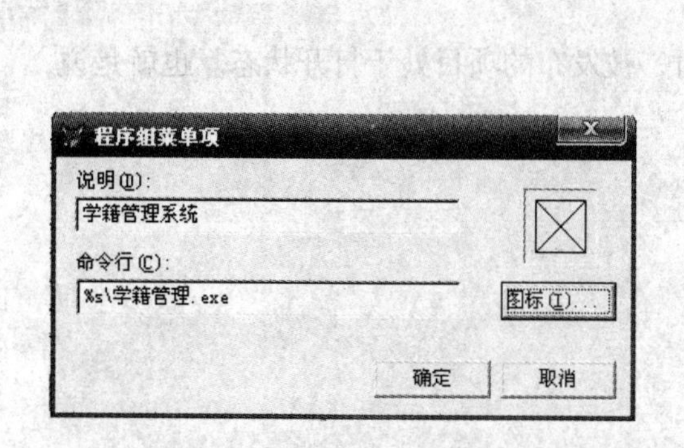

图 12-23 “程序组菜单项”对话框

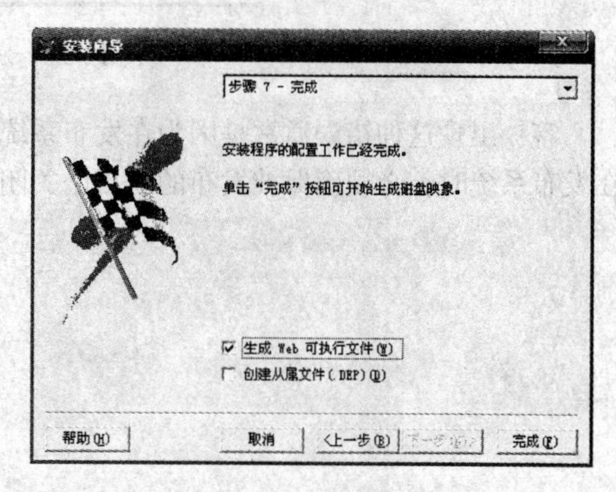

图 12-24 “完成”对话框

在完成程序发布后，会弹出一个信息统计报告，如图 12-25 所示。

在磁盘映像目录中，可以看到目录 disk144 及 WebSetup 目录，其中 disk144 目录中的每个子目录可以分别复制到一个软盘上，安装从第一张盘开始；而 WebSetup 目录，则可直接运行 setup.exe 文件即可安装。

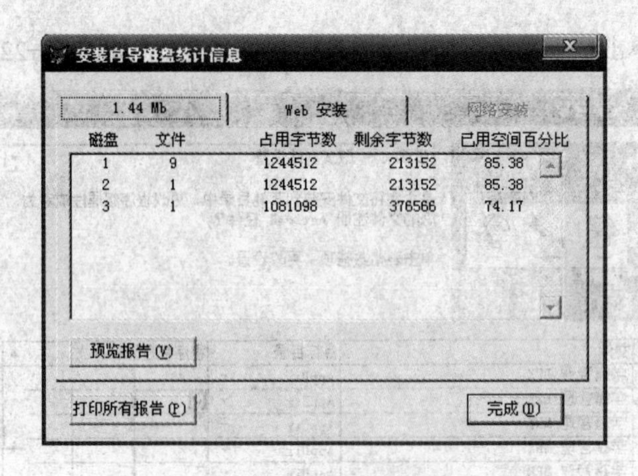

图 12-25 “安装向导磁盘统计信息”对话框

【疑难解答】

问：应用程序发布的最后一步中，经常会弹出错误窗口（见图 12-26），即在创建压缩包文件，生成 CAB 文件时出错。为什么？

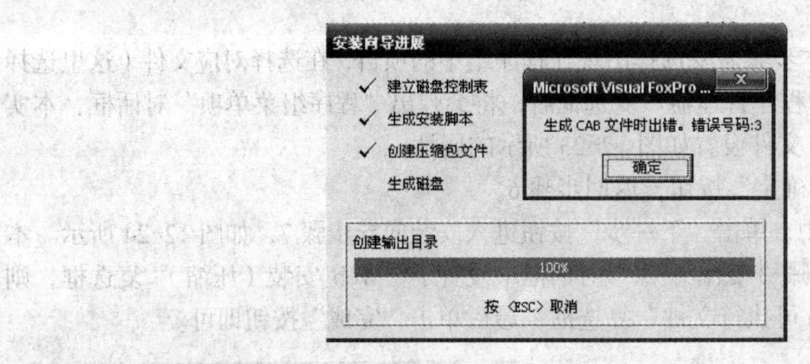

图 12-26 发布时的错误

答：出现这种错误通常是因为在发布系统时，被发布的项目处于打开状态。也就是说，在发布系统时，必须确保被发布的项目已关闭。

下篇　习　题　集

第1章　数据库基础习题及参考答案

一、单选题

1．数据库系统的核心是________。

A．数据库　　B．操作系统

C．数据库管理系统　　D．文件系统

知识点：数据库基础/数据库系统

2．能对数据库中的数据进行输入、增删、修改、计算、统计、索引、排序或输出等操作的软件系统称为________。

A．数据库系统　　B．数据库管理系统

C．数据控制程序集　　D．数据库软件系统

知识点：数据库基础/数据库基本概念

3．数据库系统和文件系统的主要区别是________。

A．数据库系统复杂，而文件系统简单

B．文件系统不能解决数据冗余和数据独立性问题，而数据库系统可以解决

C．文件系统只能管理程序文件，而数据库系统能够管理各种类型的文件

D．文件系统管理的数据量较少，而数据库系统可以管理庞大的数据量

知识点：数据库基础/数据库系统概念

4．在关系数据库中，除_______以外，其他都是其基本关系运算。

A．查询　　B．连接

C．选择　　D．投影

知识点：数据库基础/关系及关系运算

5．用二维表格来表示实体与实体之间联系的数据模型称为________。

A．实体-联系模型　　B．层次模型

C．网状模型　　D．关系模型

知识点：数据库基础/数据模型

6．Visual FoxPro 6.0 是一种关系型数据库管理系统，所谓关系是指________。

A．各条记录中的数据彼此有一定的关系

B．一个数据库文件与另一个数据库文件之间有一定的关系

C．数据库中各个字段之间彼此有一定的关系

D．数据模型符合一定条件的二维表格式

知识点：数据库基础/关系及关系运算

7．下列关于数据库管理系统（DBMS）、数据库系统（DBS）和数据库（DB）之间关系的叙述中，正确的是_______。

A．DB 包含着 DBS 和 DBMS

B．DBMS 包含着 DBS 和 DB

C．DBMS 为 DB 的存在提供了环境和条件

D．DB、DBS 和 DBMS 互不依赖

知识点：数据库基础/数据库基本概念

8．在概念模型中，实体所具有的某一特性称为_______ 。

A．实体集　　B．属性

C．码　　D．实体型

知识点：数据库基础/数据库基本概念

9．如果一个班只能有一个班长，而且一个班长不能同时担任其他班的班长，班级和班长两个实体之间的关系属于_______。

A．一对一联系　　B．一对二联系

C．一对多联系　　D．多对多联系

知识点：数据库基础/关系及关系运算

10．在已知的教学环境中，一名学生可以选择多门课程，一门课程可以被多名学生选择，这说明学生记录型与课程记录型之间的联系是_______。

A．一对一联系　　B．一对多联系

C、未知　　D．多对多联系

知识点：数据库基础/关系及关系运算

11．如果要改变一个关系中属性的排列顺序，应使用的关系运算是_________。

A．重建　　B．选择

C．投影　　D．连接

知识点：数据库基础/关系及关系运算

12．在关系运算中，查找满足一定条件的元组的操作称为_________。

A．复制　　B．选择

C．投影　　D．连接

知识点：数据库基础/关系及关系运算

13．关系数据库管理系统所管理的关系是_________。

A．若干个二维表　　B．一个 DBF 文件

C．一个 DBC 文件　　D．若干个 DBC 文件

知识点：数据库基础/关系及关系运算

14．在数据管理技术的发展过程中，经历了人工管理阶段、文件系统阶段和数据库系统阶段，在这几个阶段中，数据独立性最高的是_________阶段。

A．数据库系统　　B．文件系统

C．人工管理　　D．数据项管理

知识点：数据库基础/数据管理技术的发展

15. 关系模型中，一个关键字是________。

A. 可由多个任意属性组成

B. 至多由一个属性组成

C. 可由一个或多个其值能唯一标识该关系模式中任何元组的属性组成

D. 以上都不是

知识点：数据库基础/关系模型

二、多选题

1. 关于 VFP 叙述正确的是________。

A. VFP 可为多个用户共享

B. VFP 可在网络环境上运行

C. VFP 是一种关系型数据库管理系统

D. VFP 可构造真正的 C/S 结构的管理系统

知识点：数据库基础/VFP 基本概念

2. 关于数据库系统的叙述中，正确的是________。

A. 表的字段之间和记录之间都存在联系

B. 表的字段之间不存在联系，而记录之间存在联系

C. 数据库系统只是比文件系统管理的数据更多

D. 数据库系统中数据的一致性是指数据类型一致

知识点：数据库基础/数据库系统概念

3. 在数据库中，下列说法中正确的是________。

A. 数据库避免了一切数据的重复

B. 若系统是完全可以控制的，则系统可确保更新时的一致性

C. 数据库中的数据可以共享

D. 数据库减少了数据冗余

知识点：数据库基础/数据库基本概念

4. 下列选项中属于关系运算的是________。

A. 连接　　B. 投影

C. 选择　　D. 排序

知识点：数据库基础/关系及关系运算

5. 关系数据模型，下列正确的是________。

A. 可以表示实体间的 1:1 联系

B. 可以表示实体间的 1:n 联系

C. 可以表示实体间的 M:N 联系

D. 可以表示实体间的自然连接

知识点：数据库基础/关系数据模型

三、判断题

1. 数据库管理系统的英文缩写是 DBMS。

知识点：数据库基础/关系型数据库理论基础知识

2. 一个关系的逻辑结构就是一张二维表。

知识点：数据库基础/关系数据模型

3. 从关系中选择若干个属性组成新的关系的操作，是关系运算中的投影运算。

知识点：数据库基础/关系及关系运算

4. 用树形结构表示实体之间联系的数据模型是网状模型。

知识点：数据库基础/数据模型

5. 在关系数据库的基本操作中，从关系中抽取满足条件的元组称为选择；从关系中抽取指定列的操作称为投影；将两个关系中相同属性组的元组连接到一起而形成新的关系的操作称为连接。

知识点：数据库基础/关系及关系运算

参考答案

一、单选题

题号	1	2	3	4	5	6	7	8	9	10	11	12	13	14	15
答案	C	B	B	A	D	D	A	D	D	B	C	B	A	A	C

二、多选题

题　　号	1	2	3	4	5
答　　案	ABC	AD	BCD	ABD	ABC

三、判断题

题号	答案	说　　明
1	正确	数据库管理系统（DataBase Management System，DBMS）
2	正确	关系数据模型概念
3	正确	关系运算的概念
4	错误	应该是层次模型
5	正确	关系运算的概念

第 2 章　VisualFoxPro 入门习题及参考答案

一、单选题

1．VFP 中通用的存盘的组合键是________。

A．Ctrl+C　　B．Ctrl+V

C．Ctrl+W　　D．Ctrl+X

知识点：VFP 入门/VFP 界面与常用快捷键

2．配置 Visual FoxPro 的属性环境，应执行________菜单中的“选项”命令。

A．编辑　　B．视图

C．格式　　D．工具

知识点：VFP 入门/VFP 菜单命令的使用

3．如果要隐藏窗口中的状态栏，应该________。

A．选择“工具”菜单中的“选项”命令，然后选定“显示”选项卡中的“时钟”复选框

B．选择“工具”菜单中“选项”命令，然后选定“显示”选项卡中的“状态栏”复选框

C．选择“工具”菜单中“选项”命令，然后取消“显示”选项卡中的“状态栏”复选框的选定

D．选择“工具”菜单中的“选项”命令，然后取消“显示”选项卡中的“时钟”复选框的选定

知识点：VFP 入门/配置 VFP

4．在“选项”对话框的“表单”选项卡中可以设置_______。

A．显示网格线

B．显示状态栏

C．显示时钟

D．显示计时器事件

知识点：VFP 入门/ VFP“选项”对话框

5．下面关于 Visual FoxPro 中工具栏的叙述错误的是_______。

A．可以创建用户自己的工具栏

B．可以修改系统提供的工具栏

C．可以删除用户创建的工具栏

D．可以删除系统提供的工具栏

知识点：VFP 入门/ VFP 工具栏

6．启动 Visual FoxPro 6.0 屏幕上出现两个窗口：一个是 Visual FoxPro 6.0 的主窗口，另一个是________。

A．文本　　B．命令

C．帮助　　　　　　　　　　　　　　D．对话框

知识点：VFP 入门/ VFP 界面窗口

7．VFP 的“文件”菜单中的“关闭”命令是用来关闭_______。

A．当前工作区中已打开的数据库

B．所有已打开的数据库

C．所有窗口

D．当前活动窗口

知识点：VFP 入门/ VFP 文件菜单

8．Visual FoxPro 6.0 主界面的菜单栏中包括_______ 菜单。

A．文件、编辑、视图、格式、工具、程序、窗口、帮助

B．文件、编辑、显示、格式、工具、程序、窗口、帮助

C．文件、编辑、视图、格式、工具、程序、表格、窗口、帮助

D．文件、编辑、显示、格式、工具、表格、窗口、帮助

知识点：VFP 入门/ VFP 主界面

9．当程序执行了某项功能时，在系统主菜单条上或者是某个子菜单中会增加或减少相应的子菜单，则该菜单称为_______。

A．系统菜单　　　　　　　　　　　　B．弹出菜单

C．快捷菜单　　　　　　　　　　　　D．动态菜单

知识点：VFP 入门/ VFP 主界面菜单

10．“项目管理器”中的“数据”选项卡用于显示和管理_______。

A．本地视图、远程视图、连接、存储过程

B．数据库、自由表、查询

C．数据库、自由表、视图

D．数据库、自由表、查询、视图

知识点：VFP 入门/ VFP 项目管理器

11．下面关于工具栏的叙述错误的是_______。

A．可以创建用户自己的工具栏

B．可以修改系统提供的工具栏

C．可以删除用户创建的工具栏

D．可以删除系统提供的工具栏

知识点：VFP 入门/ VFP 工具栏

12．在 Visual FoxPro 中，扩展名为_______的文件跟项目的定义、设计和使用无直接的关系。

A．.PJX　　　　　　　　　　　　　　B．.EXE

C．.APP　　　　　　　　　　　　　　D．.DOC

知识点：VFP 入门/ 项目文件

13．在 Visual FoxPro 中，如果要锁定生成器，则需执行_______操作。

A．选择“工具”菜单中的“选项”命令，选择“表单”选项卡中“生成器锁定”复选框

B．打开“项目管理器”，选择“文档”选项卡中的“表单”，再执行锁定操作

C．打开表单，再锁定生成器

D．选择“工具”菜单中的“选项”命令，选择“项目”选项卡中“生成器锁定”复选框

知识点：VFP 入门/ 工作环境设置

14．在“选项”对话框中的“文件位置”选项卡中，可以设置________。

A．表单的默认大小　　B．日期和时间的格式

C．默认目录　　D．程序代码的颜色

知识点：VFP 入门/“选项”对话框

15．Visual FoxPro 6.0 的系统配置文件是________。

A．config.sys　　B．config.fpw

C．win.ini　　D．autoexec.bat

知识点：VFP 入门/安装文件

二、多选题

1．退出 Visual FoxPro 的操作方法是________。

A．在命令窗口中输入 Quit 命令

B．单击主窗口右上角的“关闭”按钮

C．按快捷键 Alt+F4

D．按快捷键 Ctrl+X

知识点：VFP 入门/VFP 退出操作

2．显示和隐藏命令窗口的操作是________。

A．单击“常用”工具栏上的“命令窗口”按钮

B．通过“窗口”菜单下的“命令窗口”选项来切换

C．按快捷键〈Alt+F4〉

D．直接按〈Ctrl+F2〉或〈Ctrl+F4〉的组合键

知识点：VFP 入门/命令窗口操作

3．下面关于项目及项目中的文件的叙述，正确的是________。

A．项目中的文件是项目的一部分

B．项目中的文件不是项目的一部分

C．项目中的文件是独立存在的

D．项目中的文件表示该文件与该项目建立了一种关联

知识点：VFP 入门/VFP 项目管理器

4．Visual FoxPro 支持________和________两种工作方式。

A．命令方式

B．交互操作方式

C．程序执行方式

D．菜单工作方式

知识点：VFP 入门/ VFP 工作方式

5．运行 Visual FoxPro 6.0 正确的方法是________。

A．双击 Visual FoxPro 6.0 图标

B．单击 Visual FoxPro 6.0 图标并按〈Enter〉键

C．右击 Visual FoxPro 6.0 图标，并选择其快捷菜单中的“打开”命令

D．拖动 Visual FoxPro 6.0 图标到一个新位置

知识点：VFP 入门/ VFP 快捷键打开菜单

三、判断题

1．通过项目管理器窗口的按钮可以完成为文件重命名的操作。

知识点：VFP 入门/ VFP 项目管理器

2．在项目管理器中移去文件是将文件从项目文件中移去，并不是彻底删除文件。

知识点：VFP 入门/ VFP 项目管理器

3．扩展名为.prg 的程序文件在“项目管理器”的数据选项卡中。

知识点：VFP 入门/ VFP 项目管理器

4．安装完 Visual FoxPro 6.0 后，用户可以定制自己的系统环境。但是这种设置只能是临时性的，下次启动系统时仍然是系统默认值设置的环境。

知识点：VFP 入门/ 定制系统环境

5．Visual FoxPro 6.0 利用菜单系统实现人机对话属于交互式工作方式，在命令窗口直接输入命令的工作方式为自动化工作方式。

知识点：VFP 入门/ VFP 工作方式

6．Visual FoxPro 6.0 的菜单系统中，菜单栏里的各个选项是固定的，与当前运行的程序无关。

知识点：VFP 入门/ VFP 菜单栏

7．在项目管理器中操作可以方便地使用相应的命令按钮。

知识点：VFP 入门/ VFP 项目管理器

8．在 Visual FoxPro 6.0 中，新建或添加一个文件到项目意味着文件成为项目的一部分，所添加的文件失去了独立性。

知识点：VFP 入门/ VFP 项目管理器

9．Visual FoxPro 6.0 只能从 CD-ROM 上安装。

知识点：VFP 入门/ VFP 安装

10．Visual FoxPro 6.0 是一个 32 位数据库开发系统。

参考答案

一、单选题

题号	1	2	3	4	5	6	7	8	9	10	11	12	13	14	15
答案	C	D	C	A	D	B	D	B	D	B	D	D	A	C	A

二、多选题

题　号	1	2	3	4	5
答　案	ABC	ABD	BCD	BC	ABC

三、判断题

题号	答案	说　明
1	错误	项目管理器窗口上有6个按钮：新建（用来新建文件）、添加（用来添加文件）、修改（用来修改文件）、浏览（用来浏览文件）、移去（用来移去或删除文件）、连编（连编一个项目或应用程序）。为文件重命名不可以通过项目管理器上的按钮来完成，只可以通过在文件上右击，选择快捷菜单中的“重命名”命令来完成
2	正确	项目管理器移去文件定义
3	错误	本题考查的知识点是“项目管理器”的各个选项卡中显示和管理的文件。“数据”选项卡中显示和管理数据库、自由表、查询，所以不正确
4	错误	定制系统环境后设置可以保存
5	错误	工作方式分为交互操作方式和程序执行方式。其中，交互操作方式包括命令方式、菜单工作方式和工具操作方式3种
6	错误	VFP菜单系统中有动态菜单会随当前运行的程序变化
7	正确	有此功能
8	错误	添加的文件仍然具有独立性
9	错误	有安装文件即可进行安装
10	正确	基本概念

第3章　数据及数据运算习题及参考答案

一、单选题

1．逻辑型、日期型、备注型字段的宽度的固定值分别为________。

A．2，4，10　　B．1，8，任意

C．2，8，8　　D．1，8，4

知识点：数据及数据运算/数据类型

2．下列命令中，不能定义内存变量的有________。

A．STORE　　B．REPLACE

C．SCATTER　　D．A=123

知识点：数据及数据运算/变量

3．以下哪些是合法的数值型常量________。

A．123　　B．123+E456

C．“123.456”　　D．123*10

知识点：数据及数据运算/数值型常量

4．以下赋值语句正确的是_______。

A．STORE 8 TO X,Y　　B．STORE 8,9 TO X,Y

C．X=8,Y=9　　D．X,Y=8

知识点：数据及数据运算/赋值语句

5．下列函数中，函数值为字符型的是________。

A．DATE()　　B．YEAR()

C．TIME()　　D．DATETIME()

知识点：数据及数据运算/数据类型

6．可以存储照片的字段类型是________。

A．通用型　　B．字符型

C．逻辑型　　D．日期型

知识点：数据及数据运算/数据类型

7．下列表达式中，不能确定变量D的数据类型的表达式是_______。

A．D=“数学”　　B．D=B

C．D=3.14　　D．D=date()

知识点：数据及数据运算/数据类型

8．在下列表达式中，结果不是日期类型数据的表达式是_______ 。

A．date()+30　　B．date()-{^1985-10-1}

C．CtoD(“10/01/85”)　　D．{^1985-10-1}+24"B"

知识点：数据及数据运算/日期型数据

9．?AT(“大学”"华师大南海学院”) 表达式的结果值是______。

A．12　　B．13　　C．16　　D．0

知识点：数据及数据运算/函数和表达式

10．假如已执行了命令 M=[28+2]，再执行命令 ?M，屏幕将显示______。

A．30　　B．28+2　　C．[28+2]　　D．30.00

知识点：数据及数据运算/函数和表达式

11．设 A=[5*8+9],B=6*8,C=“6*8”，下列表达式中属于合法表达式的是______。

A．A+B　　B．B+C　　C．A+C　　D．C-B

知识点：数据及数据运算/函数和表达式

12．设 M=“111”,N=“222”，下列表达式为假的是______。

A．NOT(M>=N)　　B．NOT(M==N) OR (M$N)

C．NOT(M<>N)　　D．NOT(N$M) AND (M<>N)

知识点：数据库基础/关系及关系运算

13．执行如下命令序列（设今天是 2008 年 11 月 29 日）：

```
store date() to m_date
M_date=m_date-365
?year(m_date)
```

其显示结果是______。

A．其中有错误　　B．11/20/2008　　C．2008　　D．2007

知识点：数据及数据运算/函数和表达式

14．函数 Int(−4.5)的返回结果是______。

A．−4.5　　B．−5　　C．4　　D．−4

知识点：数据及数据运算/函数和表达式

15．已知：X="AB"，AB=100。执行命令? &X+10 的结果是______。

A．X　　B．AB　　C．ABC58　　D．110

知识点：数据及数据运算/函数和表达式

16．表达式 LEN('ABC'-'DE')的值是______。

A．1　　B．2　　C．5　　D．7

知识点：数据及数据运算/函数和表达式

17．表达式 MAX(1,6)+MIN(4,18)的值是______。

A．9　　B．10　　C．11　　D．12

知识点：数据及数据运算/函数和表达式

18．表达式 CTOD("07/22/94")-10 的值是______。

A．08/01/94　　B．08/4/94

C．07/12/94　　D．08/5/94

知识点：数据及数据运算/函数和表达式

19．下列表达式的结果不是数值的是______。

A．?round(3.14159,2)　　B．?AT("fox", "Visual Foxpro 6.0")

C．?chr(13)　　　　　　　　　　　　　　　D．?month({^2002-09-11})

知识点：数据及数据运算/函数和表达式

20．有如下命令序列：

s="2008 年下半年计算机等级考试"

?LEFT(s,6)+RIGHT(s,4)

执行以上命令后，屏幕上所显示的是_________。

A．2008 年下半年等级考试　　　　　　B．2008 年下等级考试

C．2008 年考试　　　　　　　　　　　D．2008 年等级考试

知识点：数据及数据运算/函数和表达式

21．有下列语句序列:

```
Y="99.88"
X=VAL(Y)
? &Y=X
```

执行以上语句序列后，最后一条命令的显示结果是_________。

A．99.88　　　B．.T.　　　C．.F.　　　D．出错信息

知识点：数据及数据运算/函数和表达式

22．下列 4 个表达式中，运算结果为数值的是

A．"9988"-"1255"　　　　　　　　　B．200+800=1000

C．CTOD([11/22/01])-20　　　　　　D．LEN(SPACE(3))-1

知识点：数据及数据运算/函数和表达式

23．在 Visual FoxPro 中，有下面几个内存变量赋值语句：

```
X={^2001-07-28 10:15:20 PM}
Y=.T.
M=$123.45
N=123.45
Z="123.24"
```

执行上述赋值语句后，内存变量 X,Y,M,N 和 Z 的数据类型分别是_________。

A．D,L,Y,N,C　　　　　　　　　　　B．D,L,M,N,C

C．T,L,M,N,C　　　　　　　　　　　D．T,L,Y,N,C

知识点：数据及数据运算/数据类型

24．执行命令 ?chr(65)+"K" 的结果是_________。

A．65K　　　B．AK　　　C．aK　　　D．类型不匹配

知识点：数据及数据运算/函数和表达式

25．函数 mod(23, −5)的结果是_________。

A．3　　　B．−3　　　C．−2　　　D．2

知识点：数据及数据运算/函数和表达式

26．在下面的 Visual Foxpro 表达式中，运算结果为逻辑真的是_________。

A．EMPTY(.NULL.)　　　　　　　　　B．LIKE('acd','ac?')

C．AT('a','123abc')　　D．EMPTY(SPACE(2))

知识点：数据及数据运算/函数和表达式

27．下面命令涉及数组操作的是________。

A．SCATTER　　B．SORT　　C．SEEK　　D．LIST

知识点：数据及数据运算/数组

28．用 Dimension PQ(3,5)命令定义了一个数组 PQ，则该数组的一共有______个数组元素。

A．3　　B．5　　C．15　　D．12

知识点：数据及数据运算/数组

29．执行命令 DIMENSION M(4,2) 后，数组 M 的下标变量个数和初值分别是________。

A．8,.F.　　B．4,.T.　　C．8,O　　D．2,空值

知识点：数据及数据运算/数组

30．执行下列命令序列：

```
Dimension s(3,4)
s(2,3)=[3+2]
?type(s(7))
```

其显示结果是________。

A．C　　B．N　　C．L　　D．出错

知识点：数据及数据运算/数组

二、多选题

1．VFP 中，+和-运算符能用于________表达式。

A．日期　　B．字符型

C．日期时间　　D．逻辑

知识点：数据及数据运算/运算符

2．下列表达式中表达式的值不为数值型的是________。

A．DATE()-5　　B．TIME()

C．YEAR(date())　　D．DATETIME()

知识点：数据及数据运算/表达式运算

3．可以比较大小的数据类型包括_______。

A．逻辑型　　B．数值型　　C．字符型　　D．日期型

知识点：数据及数据运算/数据类型

4．下列关于常量的叙述，正确的是________。

A．常量用以表示一个具体的、不变的量

B．常量是指固定不变的值

C．不同类型的常量的书写格式不同

D．不同类型的常量的书写格式相同

知识点：数据及数据运算/常量

5．货币型常量与数值型常量的书写格式类似，但也有不同，表现在________。

A．货币型常量前面要加一个“$”符号

B．数值型常量可以使用科学记数法，货币型常量不可以使用科学记数法

C．货币数据在存储和计算时采用 4 位小数，数值型常量在此方面无限制

D．数值型常量比货币型常量的精度更高

知识点：数据及数据运算/常量类型

6．字符型常量的定界符包括_______。

A．单引号　　B．双引号　　C．花括号　　D．方括号

知识点：数据及数据运算/字符型常量

7．下列变量名中_______不能作为 VFP 中的变量名。

A．abc　　B．7X.Y　　C．AB.V　　D．good luck

知识点：数据及数据运算/变量命名规则

8．下列关于内存变量和字段变量叙述中，正确的是________。

A．内存变量和字段变量统称为变量

B．当内存变量和字段变量名称相同时，系统优先引用字段变量名

C．当内存变量和字段变量名称相同时，系统优先引用内存变量名

D．当内存变量和字段变量名称相同时，如果要使用内存变量，可以在内存变量名前加前缀“M.”

知识点：数据及数据运算/变量类型

9．在 Visual FoxPro 中，逻辑运算符有_______。

A．.NOT.(逻辑非)　　B．.AND.(逻辑与)

C．.OR.(逻辑或)　　D．||(逻辑与非)

知识点：数据及数据运算/逻辑运算符

10．在以下 4 组中，每组有两个分别运算的函数，运算结果相同的是

A．LEFT("FoxBASE",3)与 SUBSTR("FoxBASE",1,3)

B．YEAR(DATE())与 SUBSTR(DTOC(DATE()),7,2)

C．TYPE("36-5*4")与 TYPE(36-5*4)

D．假定 A= "this", B= "is a string"，A-B 与 A+B

知识点：数据及数据运算/函数和表达式

三、判断题

1．系统变量名均以下画线开头。

试题答案：正确

知识点：数据及数据运算/系统变量

2．关系表达式和逻辑表达式的结果总为逻辑值。

知识点：数据及数据运算/表达式

3．设 xx=2,执行命令 ?xx=xx+1 后，运行结果是 3。

知识点：数据及数据运算/表达式

4．表达式 VAL(SUBS(“奔腾 586”,5,1))+LEN(“Visual Foxpro”) 的结果是 18.00。

知识点：数据及数据运算/函数和表达式

5．设 N=886, M=345, K='M+N'，表达式 1+&K 的值运算时，会出现“数据类型不匹配”的错误提示。

知识点：数据及数据运算/函数和表达式

6. 设 D=5>6，命令 ?VARTYPE(D) 的输出值是 L。

知识点：数据及数据运算/函数和表达式

7. 在 Visual FoxPro 中说明数组的命令是 DEMENSION 和 DECLARE。

知识点：数据及数据运算/数组说明语句

8. 要判断数值型变量 Y 是否能够被 7 整除，条件表达式为 INT(Y/7)=MOD(Y,7)。

知识点：数据及数据运算/函数和表达式

9. VFP 系统中，内存变量只定义了数组 MK(12)，它具有 12 个下标变量。用 LIST MEMORY 命令显示已定义的内存变量个数有时是 1，有时是 12。

知识点：数据及数据运算/内存变量

10. 如果在一个表达式中，有逻辑运算、关系运算和算术运算混合在一起，其中不含括号，它们的运算顺序是算术、逻辑、关系。

知识点：数据及数据运算/运算顺序

参考答案

一、单选题

题号	1	2	3	4	5	6	7	8	9	10	11	12	13	14	15
答案	D	B	A	A	C	A	B	D	D	C	C	C	D	D	D

题号	16	17	18	19	20	21	22	23	24	25	26	27	28	29	30
答案	C	B	C	C	C	B	D	D	B	C	D	A	C	C	B

二、多选题

题号	1	2	3	4	5	6	7	8	9	10
答案	ABC	ABD	BCD	ABC	ABC	ABD	BCD	ABD	BCD	AD

三、判断题

题号	答案	说明
1	正确	系统变量命名规则
2	正确	表达式值的数据类型
3	错误	应为.f.
4	正确	VAL(SUBS("奔腾 586",5,1))值为 5.00，LEN("Visual Foxpro")的值为 13.00，所以结果值为 18.00
5	错误	值为 1232
6	错误	输出值是 L
7	正确	有此定义
8	错误	表达式 INT(Y/7)=MOD(Y,7) 的值为.F.，正确的条件表达式可以为 MOD(Y,7)=0 或 INT(Y/7)=Y/7
9	错误	内存变量个数为 1
10	错误	应为算术、关系、逻辑

第 4 章　数据表习题及参考答案

一、单选题

1．在 VFP 6.0 数据表中，用于存放图像、声音等多媒体对象的数据类型是______。

A．备注型　　　　B．通用型

C．逻辑型　　　　D．字符型

知识点：数据表/数据类型

2．命令 SELECT 0 的功能是______。

A．选择区号最小的空闲工作区

B．选择区号最大的空闲工作区

C．选择当前工作区的区号加 1 的工作区

D．随机选择一个工作区的区号

知识点：多工作区操作

3．Visual FoxPro 中的索引有______。

A．唯一索引、普通索引、候选索引、主索引

B．主索引、次索引、普通索引、唯一索引

C．唯一索引、复合索引、候选索引、主索引

D．唯一索引、复合索引、候选索引、视图索引

知识点：索引类型

4．下列范围选项中的______表示从当前记录到最后记录之间的所有记录。

A．RECORD n　　　　B．NEXT n

C．NEXT　　　　D．REST

知识点：数据表/记录指针操作

5．若表文件含有备注型或通用型字段，则在打开表文件的同时，自动打开扩展名为______的文件。

A．FRX　　　　B．FMT

C．FRT　　　　D．FPT

知识点：文件类型/文件的打开与关闭

6．下面命令执行后都将生成 ABC.DBF 文件，其中生成空表文件的命令是______。

A．SORT TO ABC

B．COPY TO ABC

C．COPY STRUCTURE TO ABC

D．COPY FILE TO ABC

知识点：数据表的基本操作/文件操作

7．若使用 REPLACE 命令，其范围子句为 ALL 或 REST，则执行该命令后记录指针指向______。

A．首记录　　B．末记录

C．首记录的前面　　D．末记录的后面

知识点：数据表的基本操作/表记录操作/记录修改

8．仅关闭当前表文件的命令是______。

A．CLOSE　ALL　　B．CLEAR

C．USE　　D．CLOSE DATABASE

知识点：数据表的基本操作/表的关闭

9．DELETE 命令的作用是______。

A．为当前记录做删除标记

B．直接物理删除当前记录

C．删除当前表文件的所有记录

D．在提问确认后物理删除当前记录

知识点：数据表的基本操作/表记录操作/记录删除

10．执行 LIST NEXT 1 命令后，记录指针的位置指向______。

A．下一条记录　　B．原来记录

C．尾记录　　D．首记录

知识点：数据表的基本操作/记录定位

11．逻辑型、日期型、备注型字段的宽度的固定值分别为______。

A．2，8，8　　B．2，4，10

C．1，8，任意　　D．1，8，4

知识点：数据类型、函数与表达式/数据类型

12．打开一个建立了结构复合索引的数据表，表记录将按______排序。

A．第一个索引标识

B．最后一个索引标识

C．主索引标识

D．原顺序

知识点：数据表的基本操作/表的索引

13．伴随着表的打开而自动打开的索引是______。

A．单一索引文件(IDX)　　B．结构化复合索引文件

C．复合索引文件(CDX)　　D．非结构化复合索引文件

知识点：数据表的基本操作/表的索引

14．恢复删除记录的命令是______。

A．ROLLBACK　　B．RECALL

C．PACK　　D．REMIND

知识点：数据表的基本操作/表记录操作/记录删除

15．JOIN 命令对两个数据表进行物理连接时，对它们的要求是______。

A．两个数据表都不能打开　　B．两个数据表都必须打开

C．一个表打开，一个表关闭　　D．两个数据表必须结构相同

知识点：数据表基本操作/文件操作

16. 为一个打开的表文件增加新字段，应当使用命令______。

A. APPEND　　B. MODIFY STRUCTURE

C. INSERT　　D. BROWSE

知识点：数据表的基本操作/表结构修改

17. 下面命令有语法错误的是______。

A. LIST ALL　　B. DISP ALL

C. MODIFY ALL STRU　　D. MODIFY COMMAND

知识点：数据表的基本操作/表记录操作/记录浏览

18. 在表的操作中，DELETE 命令的作用是______。

A. 将记录从表中彻底删除

B. 只给要删除的记录做删除标志

C. 不能删除记录

D. 删除整个表中的记录

知识点：表记录操作/删除操作

19. 在当前表中，查找第 2 个男同学的记录，应使用命令_________

A. locate for 性别="男" next 2

B. locate for 性别="男"

C. 先 locate for 性别="男"，然后再执行 continue

D. list for 性别="男" next 2

知识点：表记录操作/记录的物理查找

20. 假设当前数据表有 100 条记录，其中有 10 条记录已被逻辑删除，执行命令 SET DELETE ON 后,函数 RECCOUNT()的值是_______。

A. 90　　B. 100

C. 10　　D. 以上都不对

知识点：表记录操作/逻辑删除

二、多选题

1. 下面______命令可以关闭所有已打开的索引文件。

A. USE　　B. SET INDEX TO

C. CLOSE ALL　　D. SET ORDER TO

知识点：数据表的基本操作/表的索引

2. 在 VFP 系统中，用户打开一个表后，若要显示并编辑其中的记录，可使用的命令是______。

A. BROWSE　　B. SHOW

C. VIEW　　D. EDIT

知识点：数据表的基本操作/表记录操作/记录浏览

3. 下面有关索引的描述不正确的是______。

A. 建立索引以后，原来的数据库表文件中记录的物理顺序将被改变

B. 索引与数据库表的数据存储在一个文件中

C. 创建索引是创建一个指向数据库表文件记录的指针构成的文件

D．使用索引并不能加快对表的查询

知识点：数据表的基本操作/表的索引

4．下列关于索引的叙述中正确的是______。

A．VFP 中的索引类型共有 4 种，分别是主索引，候选索引，普通索引和唯一索引

B．在用命令方式建立索引时，可以建立普通索引，唯一索引 (UNIQUE) 或候选索引 (CANDIDATE)，但是不能建立主索引

C．在表设计器的字段选项卡中建立的索引默认为普通索引

D．在数据库设计器中建立两表之间的永久关系时，只须在父表中建立主索引，然后拖动该索引项到子表中的相应字段上即可

知识点：索引的建立/索引类型

5．为显示年龄为 10 的整数倍的职工记录，下列各命令中正确的是______。

A．LIST FOR MOD(年龄,10)=0

B．LIST FOR 年龄/10=INT(年龄/10)

C．LIST FOR SUBSTR(STR(年龄,2),2,1)= "0"

D．LIST FOR 年龄=20.OR.30.OR.40.OR.50.OR.60

知识点：数据表的基本操作/表记录的显示

6．在浏览窗口打开的情况下，能够向当前表中添加记录的方法是______。

A．“显示”菜单中的“追加方式”

B．“表”菜单中的“追加新记录”

C．“表”菜单中的“追加记录”

D．快捷键 Ctrl+Y

知识点：数据表/表记录的添加

7．在以下命令序列中，总能实现插入一条空记录并使其成为第 8 条记录的是

A．SKIP 7

B．GO 7，然后再执行 INSERT BLANK 命令

C．LOCATE FOR RECNO()=8

D．GOTO 8 然后再执行 INSERT BLANK BEFORE

知识点：数据表/表记录的插入

8．关于命令 SELECT 0，下面叙述错误的是______。

A．选择区号最小的空闲工作区

B．选择区号最大的空闲工作区

C．选择当前工作区的区号加 1 的工作区

D．随机选择一个工作区的区号

知识点：VFP 部分/多工作区的操作

9．下面______命令不仅可以关闭当前工作表，而且可以关闭所有工作表。

A．CLOSE ALL　　B．CLEAR

C．USE　　D．CLOSE DATABASE

知识点：数据表的基本操作/表的关闭

10．使用下面______命令必须打开索引文件。

A．SORT　　B．LOCATE

C．SEEK　　D．FIND

知识点：数据表的基本操作/表记录的查询

三、判断题

1．在表文件中，如果包含两个备注型字段和 1 个通用型字段，则创建表文件后，Visual FoxPro 将自动建立 1 个 FPT 文件。

知识点：VFP 基础知识/字段类型与文件

2．在建立唯一索引，出现重复字段值时，唯一索引只存储重复出现记录的第一个记录。

知识点：表记录操作

3．在浏览窗口中，可以为记录加注删除标记，也可以取消删除标记。

知识点：数据表的基本操作/基本概念

4．若表文件及其索引文件已打开，为了确保指针定位在记录号为 1 的记录上，应该使用的命令是 GO TOP。

知识点：数据表的基本操作/记录定位

5．使用 LOCATE 命令和 SEEK 命令前，都需要事先对表进行索引。

知识点：数据表的基本操作/记录查询

6．在进行打开表的操作时，出现信息"文件正在使用"，表明试图打开的表已在其他工作区打开。

知识点：数据表的基本操作/基本概念

7．VFP 执行命令 USE，就是把内存中对当前表所进行的修改保存到外存的表文件中。

知识点：数据表的基本操作/基本概念

8．一个表只能有一个 M 型和 G 型字段。

知识点：数据表的基本操作/基本概念

9．修改表的结构必须以独占方式打开表。

知识点：数据表的基本操作/文件的打开与关闭

10．对于记录的删除操作，逻辑删除可恢复，物理删除不可恢复。

知识点：数据表的基本操作/记录删除

11．命令 Edit、Change、Browse 都可以修改数据表中的记录。

知识点：数据表的基本操作/记录编辑

12．表的所有字段的值均存放在表文件（.DBF）中。

知识点：数据表的基本操作/基本概念

13．结构复合索引文件是在打开表时自动打开。

知识点：数据表的基本操作/索引概念

14．在 Visual FoxPro 中，建立索引的作用之一就是提高查询速度 。

知识点：数据表的基本操作/索引概念

15．逻辑型数据的字段宽度可以根据需要改变。

知识点：数据表的基本操作/数据类型

16．用 PACK 命令可以直接删除表中的记录。

知识点：数据表的基本操作/表的索引

参考答案

一、单选题

题号	1	2	3	4	5	6	7	8	9	10
答案	B	A	A	D	D	C	D	C	A	B

题号	11	12	13	14	15	16	17	18	19	20
答案	D	D	B	B	B	B	C	B	C	B

二、多选题

题号	1	2	3	4	5	6	7	8	9	10	11
答案	BC	AD	ABD	ABC	A	ABC	ABCD	BD	BCD	ABD	CD

三、判断题

题号	答案	说　明
1	正确	不管有多少个备注字段型和通用型字段，都只有一个 FPT 文件
2	正确	唯一索引只存储重复出现记录的第一个记录
3	正确	加注或取消删除标记都可以通过单击删除标记来完成
4	错误	应该使用 go 1
5	错误	LOCATE 命令不用预先建立索引
6	正确	VFP 允许在不同工作区打开多个工作表，但一个工作表同时只能在一个工作区打开
7	错误	工作表在修改的同时被保存，USE 命令是关闭当前工作表
8	错误	一个工作表可以有多个备注型和通用型字段
9	正确	打开工作表有独占方式和只读方式，只读方式不能修改工作表
10	正确	逻辑删除可以用 RECALL 命令恢复，物理删除则不能
11	正确	Edit、Change、Browse 都可以修改表中的记录，但显示方式不同
12	错误	备注字段和通用字段是存放在 FPT 文件中的
13	正确	结构复合索引文件（即 CDX 文件）是在打开表时自动打开，但单索引文件（即 IDX 文件）不能随表自动打开
14	正确	物理查找速度较慢，建立了索引就相当于为记录创建了一个目录，查找时只要到目录中搜索即可，速度较快
15	错误	逻辑型字段的宽度是固定的
16	错误	PACK 命令只能删除已被逻辑删除的记录

第5章　数据库习题及参考答案

一、单选题

1．在 Visual FoxPro 中，创建一个名为 SDB.DBC 的数据库文件，使用的命令是______。

A．CREATE　　B．CREATE SDB

C．CREATE TABLE SDB　　D．CREATE DATABASE SDB

知识点：数据库的基本操作/基本操作

2．在 Visual FoxPro 环境下，要从磁盘上删除一个名为 SDB.DBC 的数据库文件，使用的命令是______。

A．DELETE TABLE SDB　　B．DELETE SDB

C．DELETE DATABASE SDB　　D．DELETE FILE SDB

知识点：数据库的基本操作/基本操作

3．在创建数据库表结构时，给该表指定了主索引，这属于数据完整性中的______。

A．参照完整性　　B．实体完整性

C．域完整性　　D．用户定义完整性

知识点：数据表的基本操作/表的索引

4．设有两个数据库表，父表和子表之间是一对多的联系，为控制子表和父表的关联，可以设置“参照完整性规则”，为此要求这两个表______。

A．在父表连接字段上建立普通索引，在子表连接字段上建立主索引

B．在父表连接字段上建立主索引，在子表连接字段上建立普通索引

C．在父表连接字段上不需要建立任何索引，在子表连接字段上建立普通索引

D．在父表和子表的连接字段上都要建立主索引

知识点：数据表的基本操作/表的索引

5．在指定字段或表达式中不允许出现重复值的索引是______。

A．唯一索引

B．唯一索引和候选索引

C．唯一索引和主索引

D．主索引和候选索引

知识点：数据表的基本操作/表的索引

6．在 Visual FoxPro 中，下列关于表的叙述正确的是______。

A．在数据库表和自由表中，都能给字段定义有效性规则和默认值

B．在自由表中，能给表中的字段定义有效性规则和默认值

C．在数据库表中，能给表中的字段定义有效性规则和默认值

D．在数据库表和自由表中，都不能给字段定义有效性规则和默认值

知识点：数据表的基本操作/自由表与数据库表

7．Visual FoxPro 的“参照完整性”中“更新规则”包括的选择是______。

A．级联、限制和忽略　　B．级联和删除

C．级联和限制　　D．限制和忽略

知识点：数据表的基本操作/表的数据完整性

8．数据库表间创建的永久关系保存在______中。

A．数据库表　　B．数据库

C．表设计器　　D．数据环境

知识点：数据库的基本操作/永久关系

9．创建数据库的命令是_______。

A．CREATE TABLE　　B．USE TABLE

C．ADD TABLE　　D．CREATE DATABASE

知识点：数据库的建立

10．关系数据库的任何检索操作都是由 3 种基本运算组合而成的，这 3 种基本运算不包括_______。

A．连接　　B．比较

C．选择　　D．投影

知识点：

11．项目管理器的 “数据” 选项卡用于显示和管理_______。

A．数据库，自由表和查询

B．数据库，视图和查询

C．数据库，自由表，查询和视图

D．数据库，表单和查询

知识点：项目管理器/数据

12．在 VFP 中，打开数据库使用的命令为_______。

A．USE　　B．SELECT

C．OPEN　　D．CREATE

知识点：数据库的基本操作

13．项目管理器的 “文档” 选项卡用于显示和管理_______。

A．表单，报表和查询　　B．数据库，表单和报表

C．查询，报表和视图　　D．表单，报表和标签

知识点：项目管理器/文档

14．用下列命令中的______可从当前数据库中移去数据表 AB 。

A．DELETE　TABLE　AB　　B．DROP　TABLE　AB

C．REMOVE　TABLE　AB　　D．ERASE　TABLE　AB

知识点：数据库的基本操作/数据表的移去、删除

15．为数据库表设置下列属性时，除______以外，其他的都必须是一个条件式。

A．字段的输入掩码　　B．字段级的有效性规则

C．记录级的有效性规则　　D．触发器

知识点：数据库的基本操作/表属性设置

二、多选题

1. 在 VFP 中，数据库文件的扩展名为______，表文件的扩展名为______。

A. DBT　　　　B. DBF

C. DBC　　　　D. CDX

知识点：文件类型

2. 若所建立索引的字段值不允许重复，它应该是______。

A. 普通索引　　　　B. 唯一索引

C. 候选索引　　　　D. 主索引

知识点：数据表的基本操作/表的索引

3. 对于表之间的永久关系和临时关系，______说法正确的。

A. 只要打开数据库表，两数据库表之间永久关系就起作用

B. 永久关系只能建立于数据库表之间，而临时关系可以建立于各种表之间

C. 表关闭之后临时关系消失

D. 临时关系不保存在数据库中

知识点：数据库的基本操作/永久关系

4. Visual FoxPro 的“参照完整性”中“插入规则”包括的选择是______。

A. 忽略　　　　B. 删除

C. 级联　　　　D. 限制

知识点：数据表的基本操作/表的数据完整性

5. 下面有关索引文件的描述错误的是______。

A. 建立索引以后，原来的数据表文件中记录的物理顺序将被改变

B. 索引与数据表的数据存储在一个文件中

C. 表 student.dbf 的结构复合索引文件为 student.cdx

D. 单索引文件的扩展名为 cdx

知识点：数据表的基本操作/表的索引

6. 在 VFP 中，当创建一个数据库文件时，不能够选用______。

A. 数据库向导　　　　B. 数据库生成器

C. 表单设计器　　　　D. 应用程序向导

知识点：数据库的建立

7. 关于主索引，下面说法正确的是______。

A. 不能出现重复值

B. 能出现重复值

C. 自由表不能建立主索引

D. 自由表和数据库都可以建立主索引

知识点：主索引的建立

8. 在 Visual FoxPro 中，下列叙述不正确的是______。

A. 在数据库表和自由表中，都能给字段定义有效性规则和默认值

B. 在自由表中，能给表中的字段定义有效性规则和默认值

C. 在数据库表中，能给表中的字段定义有效性规则和默认值

D. 在数据库表和自由表中，都不能给字段定义有效性规则和默认值

知识点：数据表的基本操作/自由表与数据库表

三、判断题

1. 只有数据库表才能建立主索引。

知识点：数据表的基本操作/索引

2. 同一个时刻，一个工作区只能打开一个表文件，一个表可在不同的工作区打开。

知识点：数据表的基本操作/文件的打开

3. 在使用了 zap 命令删除了表中的全部记录后，表文件也一同删除了。

知识点：数据表的基本操作/文件操作

4. 一个表可以添加到多个数据库中。

知识点：数据表的基本操作

5. 在数据库设计器中要为两个表建立一对多联系，则“一方”表需建主索引或候选索引，“多方”表建普通索引 。

知识点：数据表的基本操作/表的索引

6. 使用"INDEX ON 关键字 TO 索引文件名"命令建立的索引文件是结构复合索引文件。

知识点：数据表的基本操作/表的索引

参考答案

一、单选题

题号	1	2	3	4	5	6	7	8	9	10	11	12	13	14	15
答案	B	C	B	B	D	C	A	B	D	B	C	C	D	C	A

二、多选题

题号	1	2	3	4	5	6	7	8
答案	BC	CD	BCD	AD	ABD	BCD	AC	ABD

三、判断题

题号	答案	说　明
1	正确	自由表只能建立普通索引、候选索引和唯一索引，只有数据库表才能建立主索引
2	正确	一个工作区只能打开一个表文件，一个表文件只能在一个工作区打开
3	错误	ZAP 命令只删除表记录不删除表文件
4	错误	一个表只能添加到一个数据库中
5	正确	一方必须是单值，只能建立主索引或候选索引
6	错误	“INDEX ON 关键字 TO 索引文件名”建立的是独立索引

第6章　视图与查询习题及参考答案

一、单选题

1．在 Visual FoxPro 中，关于视图的正确叙述是______。

A．视图与数据库表相同，用来存储数据

B．视图不能同数据库表进行连接操作

C．在视图上不能进行更新操作

D．视图是从一个或多个数据库表导出的虚拟表

知识点：查询与视图/视图设计器操作

2．在 Visual FoxPro 中，关于查询和视图的正确描述是______。

A．查询是一个预先定义好的 SQL SELECT 语句文件

B．视图是一个预先定义好的 SQL SELECT 语句文件

C．查询和视图是同一种文件，只是名称不同

D．查询和视图都是一个存储数据的表

知识点：查询与视图/查询设计器操作

3．如果要将与表中的某个关键字内容的记录在输出结果中合并成一条记录，则应选用视图设计器的______选项卡。

A．排序依据　　　　B．更新条件

C．分组依据　　　　D．视图参数

知识点：查询与视图/视图设计器操作

4．视图不能单独存在，它必须依赖于______而存在。

A．报表　　　　B．数据库

C．数据表　　　　D．查询

知识点：查询与视图/视图设计器操作

5．默认情况下，查询结果的输出去向是______。

A．屏幕　　　　B．临时表

C．图形　　　　D．报表

知识点：查询的建立

6．查询设计器中“筛选”选项卡对应的 SQL 短语是______。

A．WHERE　　　　B．JOIN

C．INTO　　　　D．ORDER BY

知识点：查询与视图/查询设计器操作

7．视图不能单独存在，但它必须能依赖于______而存在。

A．报表　　　　B．数据库

C．数据表　　　　D．自由表

知识点：查询与视图/视图设计器操作

8．在 VFP 中，关于视图说法正确的是______。

A．只能给自由表建立视图

B．视图是一个虚表，不形成对应的磁盘文件

C．通过视图不能修改原表

D．通过原表不能修改视图

知识点：查询与视图/视图设计器操作

9．如果要将与表中的某个关键字内容的记录在输出结果中合并成一条记录，则应选用视图设计器的______选项卡。

A．排序依据

B．更新条件

C．分组依据

D．视图参数

知识点：查询与视图/视图设计器操作

二、多选题

1．在 VFP 中，关于视图说法错误的是______。

A．视图与查询没有区别

B．视图是一个虚表，不形成对应的磁盘文件

C．通过视图不能修改原表

D．只能给自由表建立视图

知识点：查询与视图/视图设计器操作

2．在查询设计器的输出方向设置中，可以实现的输出是________。

A．表　　B．视图

C．图形　　D．报表

知识点：查询与视图/查试输出方向设置

3．在 Visual FoxPro 6.0 中，建立查询可用________方法。

A．使用查询向导

B．使用查询设计器

C．直接使用 SELECT-SQL 命令

D．使用编辑菜单

知识点：查询与视图/查询的建立方法

4．下列关于查询和视图，说法正确的是______。

A．查询和视图都可以从一个或多个表中提取数据

B．查询是以扩展名为.qpr 存储的一个文本文件

C．可以通过视图更改源数据表的相应数据

D．视图是完全独立的，它不依赖于数据库的存在而存在

知识点：查询与视图/查询的建立的异同

5．下面有关对视图的描述不正确的是______。

A．可以使用 MODIFY　STRUCTURE 命令修改视图的结构

B．视图不能删除，否则影响原来的数据文件

C．视图是对表的复制产生的

D．使用 SQL 对视图进行查询时必须事先打开该视图所在的数据库

知识点：查询与视图/视图的相关操作

6．以下关于查询叙述错误的是______。

A．不能根据自由表建立查询

B．只能根据自由表建立查询

C．只能根据数据库表建立查询

D．可以根据数据库表和自由表建立查询

知识点：查询与视图/查询的建立

7．在 Visual FoxPro 中，下面关于查询的叙述不正确的是______。

A．查询与数据库表相同，主要用于存储数据

B．可以从数据库表、视图和自由表中查询数据

C．查询中的数据是可以更新的

D．查询是从一个或多个数据库表中导出来为用户定制的虚表

知识点：查询与视图/查询的相关概念

8．打开查询设计器后，下面哪些操作可以运行查询文件______。

A．单击 VFP 工具栏上的“!”按钮

B．按〈Ctrl+Q〉组合键

C．选择“查询”菜单中的“运行查询”命令

D．在查询设计器的空白处右击，并在弹出的快捷菜单栏上选择“运行查询”命令

知识点：查询与视图/查询运行

9．查询设计器和视图设计器的主要不同表现在于______。

A．查询设计器中有“更新条件”选项卡，没有“查询去向”选项卡

B．查询设计器中没有“更新条件”选项卡，有“查询去向”选项卡

C．视图设计器中有“更新条件”选项卡，没有“查询去向”选项卡

D．视图设计器中没有“更新条件”选项卡，没有“查询去向”选项卡

知识点：查询与视图/查询与视图的异同

三、判断题

1．查询的数据源可以是视图，即可以在视图的基础上进一步建立一个查询。

知识点：视图与查询

2．视图是一个从一个或几个基本表导出的虚表，我们可以修改视图的结构。

知识点：视图与查询/视图

3．视图文件的扩展名是 qpr。

知识点：视图与查询

4．数据库中，可以包含表、视图、查询及表之间的关系。

知识点：视图与查询/综合

5．可以通过视图来更新源表中的数据，但查询不可以更新源表。

知识点：视图与查询

6. 在“视图设计器”中左表中的全部记录与右表中的相匹配的记录的连接类型为右连接。

知识点：视图与查询/视图建立

7. 视图既能从数据表中检索到满足条件的记录，又能改变其记录的值并将更新结果返回源表。

知识点：视图与查询/视图的更新

8. 查询是一个虚拟表，它不能单独存在，只能存在于数据库中。

知识点：视图与查询/视图概念

参考答案

一、单选题

题号	1	2	3	4	5	6	7	8	9
答案	D	A	C	B	A	A	B	B	C

二、多选题

题号	1	2	3	4	5	6	7	8	9
答案	ACD	ACD	ABC	ABC	ABC	ABC	ACD	ABCD	BC

三、判断题

题号	答案	说明
1	正确	查询的数据源可以是视图，也可以是自由表或数据库表
2	错误	视图是一个虚表，没有独立的文件，不可以修改结构
3	错误	QPR 是查询文件的扩展名，视图没有独立的文件
4	错误	数据库中包括表和视图但不包括查询
5	正确	视图与查询的主要区别之一就是视图可以更新源表中的数据，但查询不行
6	错误	在“视图设计器”中左表中的全部记录与右表中相匹配的记录的连接类型为左连接
7	正确	通过设置视图设计器中的选项可以实现视图与源表中的数据相互更新
8	正确	查询是一个独立的文件，扩展名为 QPR

第7章　SQL 结构化查询语言习题及参考答案

一、单选题

1．SELECT 语句是________。

A．选择工作区语句　　B．选择标准语句

C．数据修改语句　　D．数据查询语句

知识点：结构化查询语言/查询概念

2．SQL 的数据操作语句不包括________。

A．INSERT　　B．UPDATE

C．DELETE　　D．CHANGE

知识点：结构化查询语言/数据操作

3．SQL 语句中条件短语的关键字是________。

A．WHERE　　B．FOR

C．WHILE　　D．CONDITION

知识点：结构化查询语言/SQL 语句格式

4．SQL 语句中修改表结构的命令是_______。

A．MODIFY TABLE　　B．MODIFY STRUCTURE

C．ALTER TABLE　　D．ALTER STRUCTURE

知识点：结构化查询语言/修改表结构

5．SQL 语句中删除表的命令是________。

A．DROP TABLE　　B．DELETE TABLE

C．ERASE TABLE　　D．DELETE DBF

知识点：结构化查询语言/删除表

6．UPDATE-SQL 语句的功能是________。

A．属于数据定义功能

B．属于数据查询功能

C．可以修改表中某些列的属性

D．可以修改表中某些列的内容

知识点：结构化查询语言/更新表

7．有关多表查询结果中，以下说法正确的是_______。

A．只可包含其中一个表的字段

B．必须包含查询表的所有字段

C．可包含查询表的所有字段，也可只包含查询表的部分字段

D．以上说法均不正确

知识点：结构化查询语言/多表查询

8. 不属于数据定义功能的 SQL 语句是________。

A. CREATE TABLE　　B. CREATE CURSOR

C. UPDATE　　D. ALTER TABLE

知识点：结构化查询语言/数据定义

9. 在 SQL 中，可以用谓词 UNIQUE 来测试一个集合中是否_______。

A. 为空集合　　B. 存在重复分量值

C. 为非空集合　　D. 存在重复元组

知识点：结构化查询语言/SQL 谓词

10. 在 SQL 语言中，实现数据检索的语句是_______。

A. SELECT　　B. INSERT

C. UPDATE　　D. DELETE

知识点：结构化查询语言/数据检索

11. 在 SQL 语句中，实现分组查询的子句是_________。

A. ORDER BY　　B. AVG

C. GROUP BY　　D. SUM

知识点：结构化查询语言/分组查询

12. SQL 查询语句中 ORDER BY 子句的功能是_________。

A. 分组统计查询结果　　B. 对查询结果进行排序

C. 限定分组检索结果　　D. 限定查询条件

知识点：结构化查询语言/SQL 查询语句功能

13. 在 SQL 的 SELECT 查询结果中，消除重复记录的方法是_________。

A. 通过指定主关系键　　B. 通过指定唯一索引

C. 使用 DISTINCT 子句　　D. 使用 HAVING 子句

知识点：结构化查询语言/SQL 查询语句中子句功能

14. SQL 中，建立视图用_________命令。

A. Create Schema　　B. Create Table

C. Create View　　D. Create Index

知识点：结构化查询语言/创建视图语句

15. 用于显示部分查询结果的 TOP 子句，必须与_________同时使用才有效果。

A. GROUP BY　　B. ORDER BY

C. PROM　　D. WHERE

知识点：结构化查询语言/SQL 查询语句功能

16. SQL 查询中集合的并运算符是_________。

A. AND　　B. SUM

C. UNIQUE　　D. UNION

知识点：结构化查询语言/SQL 查询的集合并运算符

17. 在 SQL 语句中，与表达式“仓库号 NOT IN("wh1","wh2")”功能相同的表达式是_________。

A. 仓库号="wh1" .AND. 仓库号="wh2"

B．仓库号!= "wh1" .OR. 仓库号#="wh2"

C．仓库号<>"wh1" .OR. 仓库号!= "wh2"

D．仓库号!= "wh1" .AND. 仓库号!= "wh2"

知识点：结构化查询语言/ SELECT 检索

18．在 SQL 语句中，与表达式“报考学校 LIKE "%北京%" ”功能相同的表达式是________。

A．LEFT(报考学校,4)= "北京"

B．"北京"$报考学校

C．报考学校 IN "%北京%"

D．AT(报考学校, "北京")

知识点：结构化查询语言/ SELECT 检索

19．从“学生资料”表中查询所有年龄大于 22 岁的学生并显示其姓名，应输入________命令。

A．SELECT 年龄 FROM 学生资料 WHERE 姓名>22

B．SELECT 年龄 FROM 学生资料

C．SELECT 姓名 FROM 学生资料 WHERE 年龄>22

D．SELECT 姓名 FROM 学生资料

知识点：结构化查询语言/ SELECT 检索

20．使用 SQL 语句将学生表 S 中年龄（AGE）大于 30 岁的记录删除，正确的命令是________。

A．DELETE FOR AGE>30

B．DELETE FROM S WHERE AGE>30

C．DELETE S FOR AGE>30

D．DELETE S WHERE AGE>30

知识点：结构化查询语言/ delete 语句

21．检索学生姓名(S.SN)及其所选修课程的课程号(SC.C#)和成绩(SC.GRAGE)，正确的 SELECT 的语句是________。

A．SELECT S.SN，SC.C#，SC.GRAGE FROM S WHERE S.S#= SC.S#

B．SELECT S.SN，SC.C#，SC.GRAGE FROM S WHERE S.S#= SC.GRAGE

C．SELECT S.SN，SC.C#，SC.GRAGE FROM S，SC WHERE S.S#= SC.GRAGE

D．SELECT S.SN，SC.C#，SC.GRAGE FROM S，SC

知识点：结构化查询语言/ SELECT 检索

22．检索选修课程“C2”的学生中成绩最高的学生的学号，正确的 SELECT 的语句是________。

A．SELECT S# FROM SC WHERE C#=“C2” AND GRADE >=
（SELECT GRADE FROM SC WHERE C#=“C2”）

B．SELECT S# FROM SC WHERE C#=“C2” AND GRADE IN
（SELECT GRADE FROM SC）WHERE C#=“C2”

C．SELECT S# FROM SC WHERE C#=“C2” AND GRADE NOT IN

（SELECT GRADE FROM SC WHERE C#=“C2”）

D．SELECT S# FROM SC WHERE C#=“C2” AND GRADE >=ALL

（SELECT GRADE FROM SC WHERE C#=“C2”）

知识点：结构化查询语言/ SELECT 嵌套检索

23. 检索所有比“王芳”年龄大的学生姓名、年龄和性别，正确的 SELECT 语句是_______。

A．SELECT SN,AGE,SEX FROM S WHERE AGE>(SELECT AGE FROM S WHERE SN=‘王芳’)

B．SELECT SN,AGE,SEX FROM S WHERE SN=‘王芳’

C．SELECT SN,AGE,SEX FROM S WHERE AGE >（SELECT AGE WHERE SN=‘王芳’）

D．SELECT SN,AGE,SEX FROM S WHERE AGE >王芳

知识点：结构化查询语言/ SELECT 嵌套检索

24. 在嵌套的 SQL 查询中，语句 SELECT * FROM AB WHERE 年龄<=ANY(SELECT 年龄 FROM AB)所实现的是_______。

A．查询出 AB 表中年龄最大的记录

B．查询出 AB 表中年龄最小的记录

C．无任何记录

D．查询出 AB 表的所有记录

知识点：结构化查询语言/ SELECT 嵌套检索

25．查询“教师信息表.dbf”中 80 年代（1980—1989 年）参加工作的女教师的记录内容，正确的 SELECT 语句是_______。

A．SELECT * FROM 教师信息表 WHERE (工作日期 > '1980-01-01');

AND (工作日期 < '1989-12-31') AND (性别 ='女')

B．SELECT * FROM 教师信息表 WHERE (工作日期 >= '1980-01-01');

AND (工作日期 <= '1989-12-31') AND (性别 ='女')

C．SELECT * FROM 教师信息表 WHERE (工作日期 >= '1980-01-01');

AND (工作日期 <= '1989-12-31') OR (性别 ='女')

D．SELECT * FROM 教师信息表 WHERE (工作日期 >= year('1980-01-01'));

AND (工作日期 <=year('1989-12-31')) AND (性别 ='女')

知识点：结构化查询语言/ SELECT 检索

二、多选题

1．在下面有关 HAVING 子句描述正确的是________。

A．HAVING 子句必须与 GROUP BY 子句同时使用，不能单独使用

B．使用 HAVING 子句的同时不能使用 WHERE 子句

C．使用 HAVING 子句的同时可以使用 WHERE 子句

D．使用 HAVING 子句的作用是限定分组的条件

知识点：结构化查询语言/SQL 语句格式

2．在 Visual FoxPro 6.0 中，建立查询可用________方法。

A．使用查询向导

B．使用查询设计器

C．直接使用 SELECT-SQL 命令

D．使用 CREATE QUERY[<查询文件名>]命令

知识点：结构化查询语言/建立查询

3．查询的数据源可以是________。

A．自由表　　　　　　　　B．数据库表

C．视图　　　　　　　　　D．其他查询结果

知识点：结构化查询语言/查询的数据源

4．在查询设计器的输出方向设置中，可以实现的输出是__________。

A．表　　　　　　　　B．视图

C．图形　　　　　　　　D．报表

知识点：结构化查询语言/查询的输出

5．SQL 语言是具有__________的功能。

A．关系规范化

B．数据操纵

C．数据控制

D．数据定义

知识点：结构化查询语言/查询的功能

6．查询订单号（字符型，长度为 4）尾字符是“1”的正确命令是__________。

A．SELECT * FROM 订单 WHERE SUBSTR(订单号,4)= "1"

B．SELECT * FROM 订单 WHERE SUBSTR(订单号,4,1)= "1"

C．SELECT * FROM 订单 WHERE "1"$订购单号

D．SELECT * FROM 订单 WHERE RIGHT(订单号,1)= "1"

知识点：结构化查询语言/ SELECT 检索

三、判断题

1．在 SQL 的计算查询中，用于求平均值的函数是 AVERAGE。

知识点：结构化查询语言/计算查询

2．使用 SQL 语句进行分组检索时，为了去掉不满足条件的分组，应当在 GROUP BY 后面使用 HAVING 子句。

知识点：结构化查询语言/SQL 查询子句

3．执行查询文件查询数据表中的数据时，必须事先打开有关的数据表。

知识点：结构化查询语言/SQL 查询

4．SQL 的 UPDATE 命令中，如果省略 WHERE 子句，默认处理的范围是表的所有记录行。

知识点：结构化查询语言/SQL 查询子句

5．在 SQL-SELECT 语句中将查询结果存放在一个表中应该使用 INTO FILE 子句。

知识点：结构化查询语言/SQL 查询输出

6．在 SQL 语句中，表达式“工资 BETWEEN 1200 AND 1500”与表达式“工资>1200 AND 工资<1500”的功能相同。

知识点：结构化查询语言/SQL 查询子句

7．使用 SQL 语句向学生表 S（SNO，SN，AGE，SEX）中添加一条新记录，字段学号（SNO）、姓名（SN）、性别（SEX）、年龄（AGE）的值分别为 0401、王芳、女、18，命令应该是：INSERT S VALUES（'0401'，'王芳'，18，'女'）。

知识点：结构化查询语言/SQL 添加记录

8．SQL 的查询语句中用于实现关系的投影操作的子句是 SELECT，用于实现关系的选择操作的子句是 WHERE。

知识点：结构化查询语言/SQL 查询子句

9．SQL 中逻辑或运算符是 OR，逻辑与运算符是 AND。

知识点：结构化查询语言/SQL 查询的逻辑运算符

10．执行查询文件与执行该文件包含的 SQL 命令的效果是一样的，查询的对象可以是数据表，也可以是已有的视图。

知识点：结构化查询语言/查询概念

参考答案

一、单选题

题号	1	2	3	4	5	6	7	8	9	10	11	12	13
答案	D	D	A	C	A	D	C	C	D	A	C	B	C

题号	14	15	16	17	18	19	20	21	22	23	24	25
答案	C	B	D	D	B	C	B	A	D	A	B	B

二、多选题

题号	1	2	3	4	5	6
答案	ACD	ABCD	ABC	ACD	BCD	ABD

三、判断题

题号	答案	说　明
1	错误	AVE
2	正确	HAVING 子句功能
3	错误	不需要事先打开数据表
4	正确	UPDATE 命令功能
5	错误	INTO TABLE 子句
6	错误	前者与“工资>=200 AND 工资<=500”表达式功能相同
7	错误	应该为 INSERT INTO S（SNO,N,EX,GE）VALUES（'0401',王芳',女',8）
8	正确	有此功能
9	正确	有此功能
10	正确	有此功能

第 8 章　程序设计技术习题及参考答案

一、单选题

1．在 Visual FoxPro 中，用于建立或修改过程文件的命令是______。

A．MODIFY <文件名>

B．MODIFY COMMAND <文件名>

C．MODIFY PROCEDURE <文件名>

D．PROCEDURE <文件名>

知识点：VFP 命令/建立文件的命令/修改文件的命令

2．执行如下命令序列后，最后一条命令的显示结果是______。

```
DIMENSION   M(2,2)
M(1,1)=10
M(1,2)=20
M(2,1)=30
M(2,2)=40
?  M(2)
```

A．变量未定义的提示　　　　B．10

C．20　　　　　　　　　　　D．F.

知识点：变量定义/数组的定义/数组元素的赋值与访问

3．设学生表当前记录的“计算机”字段的值是 89，执行下面的程序段后，屏幕输出______。

```
DO CASE
    CASE 计算机 < 60
        ? "计算机成绩是:"+"不及格"
    CASE 计算机 >= 60
        ? "计算机成绩是:"+"及格"
    CASE 计算机 >=70
        ? "计算机成绩是:"+"中"
    CASE 计算机 >=80
        ? "计算机成绩是:"+"良"
    OTHERWISE
        ? "计算机成绩是:"+"优"
ENDCASE
```

A．计算机成绩是：不及格

B．计算机成绩是：及格

C．计算机成绩是：良

D．计算机成绩是：优

知识点：选择结构/DO CASE 语句

4．将内存变量定义为全局变量的 Visual FoxPro 命令是______。

A．LOCAL　　　　B．PRIVATE

C．PUBLIC　　　　D．GLOBAL

知识点：常量、变量与数组/变量作用域

5．以下程序的运行结果是______。

```
DIMENSION k(2,3)
i=1
DO WHILE i<=2
   j=1
   DO WHILE j<=3
      K(i,j)=i*j
      ?? k(i,j)
      ?? " "
      j=j+1
   ENDDO
   ?
   i=i+1
ENDDO
```

A．1　2　3

　　2　4　6

B．1　2

　　3　2

C．1　2　3

　　1　2　3

D．1　2　3

　　2　4　9

知识点：循环结构/DO WHILE 循环

6．有如下程序：

```
INPUT TO A
IF A=10
   S=0
ENDIF
S=1
? S
```

假定从键盘输入 A 的值一定是数值型，那么上面条件选择程序的执行结果是______。

A．0　　　　B．1

C．由 A 的值决定　　　　D．程序出错

知识点：选择结构/If…EndIf 语句

7．已知：X="ABC"，ABC=56。执行命令?&X+2 的结果是______。

A．X　　　　B．ABC

C．58　　　　　　　　　　D．ABC58

知识点：数据类型、函数与表达式/表达式运算

8．命令文件（程序文件）的扩展名是______。

A．IDX　　　　　　　　　　B．PRG

C．DBC　　　　　　　　　　D．DBF

知识点：VFP 部分/VFP 基础知识/文件类型

9．在命令窗口中，可用 DO 命令运行扩展名为______的菜单程序文件。

A．MPR　　　　　　　　　　B．MT

C．FMT　　　　　　　　　　D．MNX

知识点：VFP 部分/VFP 基础知识/文件类型

10．VFP 中的 DO CASE…ENDCASE 语句属于______。

A．顺序结构　　　　　　　　B．选择结构

C．循环结构　　　　　　　　D．模块结构

知识点：VFP 部分/过程程序设计/选择结构

11．一个过程文件最多可以包含 128 个过程，每个过程的第一条语句是______。

A．PARAMETER

B．DO <过程名>

C．<过程名>

D．PROCEDURE <过程名>

知识点：VFP 部分/过程程序设计/过程与子程序

12．在 DO WHILE/ENDDO 循环中，若循环条件设置为.T.，则下列说法中正确的是______。

A．程序不会出现死循环

B．程序无法跳出循环

C．用 EXIT 可以跳出循环

D．用 LOOP 可以跳出循环

知识点：VFP 部分/过程程序设计/循环结构

13．按照语句排列的先后顺序，逐条依次执行的程序结构是______。

A．分支结构　　　　　　　　B．顺序结构

C．循环结构　　　　　　　　D．模块结构

知识点：VFP 部分/过程程序设计/顺序结构

14．三种程序结构中，最基本最常用的结构是______。

A．循环结构　　　　　　　　B．模块结构

C．顺序结构　　　　　　　　D．分支结构

知识点：VFP 部分/过程程序设计/顺序结构

15．在命令文件中，调用另一个命令文件，应使用命令______。

A．LOAD　　　　　　　　　B．CALL

C．PROCEDURE　　　　　　 D．DO

知识点：命令文件的调用

16．在一个程序定义的一些变量中，选出局部变量________。

```
1.PRG
PUBLIC a1
LOCAL a2,a3
SCORE'B'TO a4
LOCATE a5
```

A．a1　　B．a2,a3

C．a4　　D．a5

知识点：变量定义/变量的作用域

17．阅读下列程序，该程序的运行结果是________。

```
SET TALK OFF
INPUT "请输入 A 的值："TO A
INPUT "请输入 B 的值："TO B
IF A<B
    T=A
    A=B
    B=T
ENDIF
DO WHILE B<>0
    T=MOD(A,B)
    A=B
    B=T
ENDDO
? A
SET TALK ON
RETURN
运行时输入：12，8
```

A．2　　B．4　　C．12　　D．8

知识点：结构化程序设计/IF 选择结构/DO WHILE 循环结构

18．在 Visual FoxPro 中，用于建立过程文件 PROG1 的命令是________。

A．CREATE PROG1　　B．MODIFY COMMAND PROG1

C．MODIFY PROG1　　D．EDIT PROG1

知识点：VFP 命令/建立过程命令

19．用于说明程序中所有内存变量都为局部变量的是________。

A．PRIVATE ALL　　B．PUBLIC ALL

C．ALL=PRIVATE　　D．STORE PRIVATE TO ALL

知识点：变量定义/局部变量/变量作用域

20．有下列程序：

```
*SUB.PRG
PARAMETER A,B,C,D
```

```
D=B*B-4*A*C
DO CASE
CASE D<0
  D=0
CASE D>0
  D=2
CASE D=0
  D=1
END CASE
```

在主程序中执行如下命令：

```
STORE 1 TO A,C
STORE 2 TO B,D
DO SUB WITH A,B,C,D
? D
```

其中，D 的值为______。

A．2　　B．0　　C．1　　D．程序有错

知识点：子程序/子程序调用/变量赋值/DO CASE 语句

二、多选题

1．关于过程调用的陈述中，______是不正确的。

A．实参与形参的数量必须相等

B．当形参的数量多于实参的数量时，出现运行时错误

C．当形参的数量多于实参的数量时，多余的形参被逻辑假

D．当实参的数量多于形参的数量时，多余的实参被丢弃

知识点：过程文件/过程调用/形参/实参

2．有关过程调用叙述不正确的是________。

A．打开过程文件时，其中的主程自动调入主存

B．同一时刻只能打开一个过程文件，打开新的过程就的过程自动关闭

C．用命令 Do With In 调用过程时，过程文件无须打开，就可以调用其中的过程

D．用命令 Do With 调用过程时，过程文件无须打开，就可以调用其中的过程

知识点：过程文件/过程调用

3．有关 Scan 循环结构，叙述不正确的是_________。

A．Scan 循环中的 Loop 语句，可将程序流程直接指向循环开始语句 Scan，首先判断 Eof()的真假

B．在使用 Scan 循环结构时，必须打开某一个数据库

C．Scan 循环结构的循环体中必须写有 Skip 语句

D．Scan 循环结构，如果省略子句和 For 条件子句，则直接推出循环

知识点：循环语句/Scan 语句

4．结构化程序设计的 3 种基本逻辑结构是_________。

A．选择结构　　B．循环结构　　C．嵌套结构

D．顺序结构　　　　　　　　E．模块结构

知识点：程序设计的基本逻辑结构

5．需要先建立才可以使用的变量是__________。

A．局部变量　　　　　　　　B．公共变量

C．私有变量　　　　　　　　D．数组

知识点：变量定义/变量作用域

6．下列命令语句错误的是_________.。

A．INPUT “请输入账号”TO zh

B．INPUT (2001-03-01) TO rq

C．INPUT “T” TO sa

D．INPUT “^2001-03-01”TO zh

知识点：交互式命令/INPUT 命令

7. 一个过程文件最多可以包含 128 个过程，下列选项中哪些不是其文件扩展名________。

A．PRG　　　　　　　　　　B．FOX

C．DBT　　　　　　　　　　D．TXT

知识点：VFP 部分/VFP 基础知识/文件类型

8．参数的传递方法是_________。

A．TO VALUE　　　　　　　B．REFERENCE

C．按值传递　　　　　　　　D．按引用传递

知识点：过程调用/子程序调用/参数的传递

三、判断题

1．三种循环结构中，只有 Scan…EndScan 结构，可以自动移动指针到满足条件的记录上。

知识点：循环结构/DO WHILE 循环/FOR 循环/Scan 循环

2．三种程序结构（顺序、分支、循环）中，顺序结构是最基本的程序结构。

知识点：程序结构/顺序结构/分支结构/循环结构

3．在多分支结构中（Do Case…EndCase），Case 语句的个数是不受限制的。

知识点：分支结构/IF 单路分支/DO CASE 多路分支

4．SCAN 循环结构的循环体中必须有 SKIP 语句。

知识点：循环语句/SCAN 循环

5．过程文件只包含过程，这些过程只能被过程文件调用。

知识点：过程文件/过程文件的调用

6．ACCEPT 命令格式是：ACCEPT[<字符表达式>]TO <内存变量>。

知识点：VFP 命令/ACCEPT 命令

7．在命令文件中，调用另一个命令文件，应使用 LOAD 命令。

知识点：命令文件的调用

8．为了解决在子程序和主程序之间可能出现变量的重复，可使用命令 PRIVATE <内存变量表>。

知识点：PRIVATE 命令的功能与格式

9．如果使用 DO 命令来执行查询文件、菜单文件，那么<文件名>中必须包含扩展名。

知识点：程序文件的编辑、连接/DO 命令执行文件

10．参数的两种传递方法是 TO VALUE 和 PREFERENCE。

知识点：形参/实参/参数传递的类型

参考答案

一、单选题

题号	1	2	3	4	5	6	7	8	9	10
答案	B	C	B	C	A	B	C	B	A	B

题号	11	12	13	14	15	16	17	18	19	20
答案	D	C	B	C	D	B	B	B	A	C

二、多选题

题号	1	2	3	4	5	6	7	8
答案	ACD	ABD	ACD	ACD	ABD	BCD	BCD	ABCD

三、判断题

题号	答案	说　明
1	正确	循环语句中只有 Scan 循环才是表循环
2	正确	基本的程序结构
3	正确	CASE 语句
4	错误	Scan 循环语句
5	错误	调用过程的程序是主程序，过程可以嵌套，即一个过程可以调用另一个过程，但不能循环嵌套
6	正确	ACCEPT 命令格式
7	错误	LOAD 命令用于将一个二进制文件调入内存，命令文件调用另一个命令文件应该使用命令 DO <命令文件名>
8	正确	命令 PRIVATE 可以隐藏主程序中可能存在的变量，使得在子程序暂时无效，而不改变它的值
9	正确	当使用 DO 命令执行程序文件时，如果没有指定扩展名，系统将按下列顺序寻找程序文件的源代码或某种目标代码文件，即执行.EXE→.APP→.FXP→.PRG；但是用 DO 命令来执行查询文件、菜单文件时，那么<文件名>中必须包括扩展名
10	正确	TO VALUE（按值传递）、PREFERENCE（按引用传递）

第 9 章　表单习题及参考答案

一、单选题

1．在面向对象程序设计中，属于计时器控件的基本属性的是____________。

A．Timer　　B．Caption

C．Value　　D．Interval

知识点：表单/控件属性、事件、方法

2．下列基类中不属于容器类的是________。

A．组合框　　B．表格

C．表单　　D．命令按钮组

3．若一个命令按钮组建立有 Click 事件过程，则在表单运行期间单击该命令按钮组的第二个命令按钮时，下列的说法正确的是____________。

A．序号 2 只保存于第二个命令按钮的 Caption 属性中

B．序号 2 只保存于第二个命令按钮的 Value 属性中

C．序号 2 只保存于该命令按钮组的 Caption 属性中

D．序号 2 只保存于该命令按钮组的 Value 属性中

知识点：表单/控件属性、事件、方法

4．对于表单的 Load、Activate 和 Init 事件来说，被触发的先后顺序为________。

A．先 Activate，再 Init，最后为 Load

B．先 Load，再 Activate，最后为 Init

C．先 Init，再 Load，最后为 Activate

D．先 Load，再 Init，最后为 Activate

知识点：表单/控件属性、事件、方法

5．表单中一个页框控件，上面有 5 个页面，在表单运行后可以同时显示________个活动页面。

A．5　　B．4　　C．3　　D．1

知识点：表单/控件页框

6．调用对话框函数可显示出一个对话框。其该对话框函数的调用方式可为________。

A．DO FUNCTION MESSAGEBOX(…)

B．=MESS(…)

C．=MESSAGE(…)

D．=MESSAGEBOX(…)

知识点：表单/信息窗

7．在表单中，标签不拥有的属性是_______。

A．Enabled　　B．Value

C．FontBold　　D．FontSize

知识点：表单/控件属性

8. 在 Visual FoxPro 中，用户可以通过调用 MESSAGEBOX 函数来制作一个对话框。对于该对话框来说，_______ 。

A. 用户可以设定其框体参数，包括按钮类型、图标类型和默认按钮

B. 其他选项都正确

C. 用户可以指定其标题文字

D. 用户可以指定其框体显示文字

知识点：表单/信息窗

9. 执行命令 CREATE FORM FF 后，_______。

A. 必定同时存在成对的 FF.fpt 和 FF.frx 文件

B. 必定同时存在成对的 FF.sct 和 FF.scx 文件

C. 必定同时存在成对的 FF.mnx 和 FF.mpr 文件

D. 必定同时存在成对的 FF.dbc 和 FF.dct

知识点：表单/文件类型

10. 若把某命令按钮的_______属性设置为.F.，则在运行表单时，该命令按钮是不显示出来的。

A. Visibled　　　　B. Readonly

C. Caption　　　　D. Enabled

知识点：表单/控件属性

11. 在表单内可以包含的各种控件中，复选框的默认名称为_________，后面加编号。

A. Command　　　　B. Check

C. Caption　　　　D. ComboBox

知识点：表单/控件属性、事件、方法

12. 在表单中，指定图像框控件所显示的图像文件内容的属性是_________。

A. Caption　　　　B. Value

C. Streth　　　　D. Picture

知识点：表单/控件属性

13. 在命令按钮组中，通过修改_______属性，可把按钮个数设为 5 个。

A. Caption　　　　B. PageCount

C. ButtonCount　　　　D. Value

知识点：表单/控件属性

14. 在对象的引用中， Thisform 表示_________。

A. 当前对象　　　　B. 当前表单

C. 当前表单集　　　　D. 当前对象的上一级对象

知识点：表单/ 对象的引用

15. 当一复选框变为灰色（不可用）时，此时 Value 的值为_________。

A. 1　　　　B. 0

C. 2　　　　D. 不确定

知识点：表单/控件属性、值

16．在表单设计器环境下，要选定表单中某选项组里的某个选项按钮，可以________。

A．单击选项按钮

B．双击选项按钮

C．先单击选项组，右击选择“编辑”命令，然后再单击该选项按钮

D．以上 B 和 C 都可以

知识点：表单/表单设计操作/控件编辑

17．下面关于列表框和组合框的陈述中，哪个是正确的________。

A．列表框和组合框都可以设置成多重选择

B．列表框可以设置成多重选择，而组合框不能

C．组合框可以设置成多重选择，而列表框不能

D．列表框和组合框都不能设置成多重选择

知识点：表单/控件属性、特点

18．下面关于列表框和组合框的陈述中，哪个是正确的________。

A．列表框和组合框都可以设置成既可以选择，也可以直接输入

B．列表框可以设置成既可以选择，也可以直接输入，而组合框不能

C．组合框可以设置成既可以选择，也可以直接输入，而列表框不能

D．列表框和组合框都不能设置成既可以选择，也可以直接输入

知识点：表单/控件属性、特点

19．关于表单中文本框，下列说法正确的是________。

A．文本框能输入多行文本

B．文本框只能显示文本，不能输入文本

C．文本框能输入/编辑备注型字段

D．文本框只能输入一行文本

知识点：表单/控件属性、特点

20．能够将表单集中表单的 Visible 属性设置为 .T.，并使表单成为活动对象的方法是________。

A．Hide　　B．Show

C．Release　　D．SetFocus

知识点：表单/表单集属性、方法

21．在________时引发 DBLClick 事件。

A．双击对象

B．单击对象

C．表单对象建立前

D．右击对象

知识点：表单/控件属性、事件、方法

22．当表单被读入内存来调用时，首先触发的事件是________。

A．Load　　B．Init

C．Release　　D．Activate

知识点：表单/控件属性、事件、方法

23．在 Visual FoxPro 中，运行表单 T1.SCX 的命令是________。

A．DO T1　　B．RUN FORM1 T1

C．DO FORM T1　　D．DO FROM T1

知识点：表单/表单运行命令

24．在 Visual FoxPro 中，为了实现单击 command1 按钮来退出表单（将表单从内存中释放掉），则 command1 按钮的 Click 事件代码应为________。

A．ThisForm.Refresh　　B．ThisForm.Delete

C．ThisForm.Hide　　D．ThisForm.Release

知识点：表单/控件属性、事件、方法

25．利用计时器控件的________事件来实现定时执行规定操作代码。

A．TIMER　　B．INTERVAL

C．CLICK　　D．SETFOCUS

知识点：表单/控件属性、事件、方法

26．表单的 Name 属性用于________。

A．表单运行时显示在标题栏中

B．作为保存表单时的文件名

C．引用表单对象

D．作为运行表单时的表单名

知识点：表单/控件属性、事件、方法

27．为了在文本框输入显示“*”，应该设置文本框的属性是________。

A．PasswordChar　　B．Caption

C．Name　　D．Value

知识点：表单/控件属性

28．关闭表单的代码是 ThisForm.Release，其中的 Release 是表单对象的________。

A．标题　B．事件　C．属性　D．方法

知识点：表单/控件属性、事件、方法

29．表单的 Caption 属性用于________。

A．指定表单执行的程序　　B．指定表单是否可用

C．指定表单是否可见　　D．指定表单的标题

知识点：表单/控件属性、事件、方法

30．用于显示多个选项，只允许从中选择一项的控件是________。

A．命令按钮组　　B．命令按钮

C．选项按钮组　　D．复选框

知识点：表单/控件属性、事件、方法

二、多选题

1．当我们建立一个表单文件 AA 时，会生成的文件有________。

A．AA.SCK　　B．AA.SCB

C．AA.SCT　　D．AA.SCX　　E．AA.SCA

知识点：表单/文件类型

2．运行表单时，________对象是可以得到焦点的。

A．文本框　　B．列表框

C．命令按钮　　D．标签

知识点：表单/控件属性、事件、方法

3．在表单中，标签拥有的属性是________。

A．Value　　B．Alignment

C．Buttoncount　　D．Caption

知识点：表单/控件属性

4．________不属于表单文件。

A．.DBF　　B．.SCX

C．.SCT　　D．.PJX

知识点：表单/文件类型

5．以下有关 VFP 表单的叙述中，正确的是________。

A．在表单上可以设置各种控件对象

B．所谓表单，就是数据表清单

C．VFP 的表单是一个容器类对象

D．VFP 的表单可以用来设计类似于窗口或对话框的用户界面

知识点：表单/表单的特点、作用

6．下列控件中，不属于容器控件的是________。

A．表格　　B．复选框

C．命令按钮　　D．页框

知识点：表单/控件类型

7．以下属于容器类控件的是________。

A．Form1　　B．Label

C．CommandGroup1　　D．Container1

知识点：表单/控件类型

8．________属于可视控件类。

A．OptionGroup　　B．Timer

C．FORM　　D．Command

知识点：表单/控件类型、特点

9．在表单设计阶段，以下说法不正确的是________。

A．每个表单运行时，都可以自动在屏幕中间位置显示

B．拖动表单上对象的边框，可以改变该对象的大小

C．通过设置表单上对象的属性，可以改变对象的大小和位置

D．表单上对象一旦建立，其位置和大小均不能改变

知识点：表单/表单设计/控件属性

10．使控件获得焦点，可以调用控件的________事件或方法。

A．LOSTFOCUS　　B．GOTFOCUS

C．CLICK　　D．SETFOCUS

知识点：表单/控件属性、事件、方法

三、判断题

1．在 VFP 中，表单是数据库中各个表的清单。

知识点：表单/表单定义、特点

2．在表单中，有关“文本框”与“编辑框”的区别是：文本框只能输入一段文本，而编辑框允许输入多段文本。

知识点：表单/控件属性

3．假设表单中包含一个命令按钮，当单击下命令按钮时，表单的标题修改为“按钮被按下”，则需要在命令按钮的 Click Event 中添加的正确代码是 This.Caption=“按钮被按下”。

知识点：表单/控件属性、事件、方法

4．在表单控件基本操作中，要在表单中复制某个控件，可以按住〈Ctrl〉键并拖放该控件。

知识点：表单/表单设计/控件属性

5．在表单控件基本操作中，要使表单中所有被选控件具有相同大小，可单击“布局”工具栏中的“相同大小”按钮。

知识点：表单/表单设计/控件属性

6．列表框常用来显示一个项目的列表，用户可从中选择一项或多项。

知识点：表单/表单设计/控件属性

7．组合框兼有文本框和列表框两者的功能，既可在控件的文本框部分输入信息，也可选择列表中的一项。

知识点：表单/表单设计/控件属性

8．组合框只能够进行单项选择，而列表框可以进行多项选择。

知识点：表单/控件属性

9．调用表单的 hide 方法，可以把表单隐藏起来。

知识点：表单/控件属性、事件、方法

10．选择表单上的多个控件的方法是按住〈Ctrl〉键的同时，依次单击所要选的控件，即可同时选定多个控件。

知识点：表单/表单设计/控件

参考答案

一、单选题

题号	1	2	3	4	5	6	7	8	9	10	11	12	13	14	15
答案	D	A	D	D	D	D	B	B	B	A	B	D	C	B	C

题号	16	17	18	19	20	21	22	23	24	25	26	27	28	29	30
答案	C	B	C	D	B	A	A	C	D	A	C	A	D	D	C

二、多选题

题号	1	2	3	4	5	6	7	8	9	10
答案	CD	ABC	BD	AD	ACD	BC	ACD	ACD	AD	BD

三、判断题

题号	答案	说　明
1	错误	窗口界面
2	正确	“编辑框”在按〈Enter〉键后还可输入下一段，“文本框”不能
3	错误	应为 Thisform.Caption=“按钮被按下”
4	错误	无此功能
5	正确	有此功能
6	正确	列表框只需要将属性“multiselect”设置为.T.
7	正确	组合框只需要将属性 style 选择为 0 即可
8	正确	列表框只需要将属性“multiselect”设置为.T.,“编辑框”无此属性
9	正确	有此功能
10	错误	应为按住〈Shift〉键

第 10 章　报表习题及参考答案

一、单选题

1．______是报表文件的扩展名。

A．.QPR　　B．.PRG

C．.FRX　　D．.DBC

知识点：报表/文件类型

2．下列关于报表的叙述中，错误的是____________。

A．刚生成一个快速报表时，该报表包含页标头、细节和页注脚 3 个带区

B．可根据需要为报表添加报表标题的内容和相关的统计信息

C．对一个报表来说，必定同时存在同名的.FRX 和.FRT 文件

D．最基本的报表控件是标签、命令按钮和文本框

知识点：报表设计/报表设计器基本操作

3．执行 MODIFY REPORT R1 命令，将________。

A．调出一个项目管理器

B．调出一个报表设计器

C．调出一个菜单设计器

D．调出一个表单设计器

知识点：报表设计/报表设计器基本操作

4．为了能在报表的某个带区中显示出某字符串，可在该带区中加入_______控件。

A．矩形　　B．编辑框

C．文本框　　D．标签

知识点：报表设计/报表控件

5．下列不属于报表的布局类型是_______。

A．行报表　　B．列报表

C．一对多报表　　D．多对多报表

知识点：报表设计/报表布局

6．在“报表设计器”中，可以使用的控件是_______。

A．标签、域控件和线条

B．标签、域控件和列表框

C．标签、文本框和列表框

D．布局和数据源

知识点：报表设计/报表控件

7．在报表设计器窗口中，若要进行数据分组，则依据为______。

A．查询　　B．排序

C．分组表达式　　D．以上都不是

知识点：报表设计/报表设计器基本操作

8. 使用“报表向导”定义报表时，定义报表布局的选项是______。

A. 列数、方向、字段布局

B. 行数、方向、字段布局

C. 列数、行数、字段布局

D. 列数、行数、方向

知识点：报表设计/报表布局

9. 下列叙述正确的是_____。

A. 报表文件存储报表输出的数据，不存储报表的布局

B. 报表文件存储报表的布局，不存储报表输出的数据

C. 报表文件既存储报表的布局，也存储报表输出的数据

D. 报表文件存储报表的布局，报表备注文件存储报表输出的数据

知识点：报表设计/报表设计器基本操作

10. 预览报表的命令是______。

A. PREVIEW REPORT <报表文件名>

B. REPORT FORM <报表文件名> PREVIEW

C. PRINT FORM <报表文件名> PREWIVE

D. REPORT PREWIVE <报表文件名>

知识点：VFP 部分/报表预览

11. 关于报表的数据分组说法错误的是______。

A. 数据分组命令是在“报表”菜单下面

B. 进行数据分组设计前，报表输出的表应该排序

C. 若分别输出男女同学语文的平均分，则分组表达式的内容是“语文”字段

D. 输出分组统计数据的域控件应该设置在组注脚带区

知识点：报表设计/报表分组

12. 报表的细节带区的内容在打印时______。

A. 每记录出现一次　　　　B. 每记录出现多次

C. 每列出现一次　　　　D. 每列出现多次

知识点：报表设计/报表设计器基本操作

13. 为了在报表中加入一个表达式，这时应该插入一个______。

A. 文本控件　　　　B. 标签控件

C. 域控件　　　　D. 表达式控件

知识点：报表设计/报表设计器基本操作

14. 为了在报表中加入一个文字说明，这时应该插入一个______。

A. 表达式控件　　　　B. 域控件

C. 标签控件　　　　D. 文本控件

知识点：报表设计/报表设计器基本操作

15. 在报表设计器中，可以使用的控件是______

A. 标签，域控件和线条

B．标签，域控件或视图

C．标签，文本框和列表框

D．布局和数据源

知识点：报表设计/报表控件

16．报表的数据源不可以是______

A．自由表或其他报表

B．数据库表，自由表或视图

C．数据库表，自由表或查询

D．表，查询或视图

知识点：报表设计/报表数据源

17．如果要创建一个数据3级分组报表，第一个分组表达式是“部门”，第二个分组表达式是“性别”，第三个分组表达式是“基本工资”，当前索引的索引表达式应当是______

A．部门+性别+基本工资

B．部门+性别+STR(基本工资)

C．STR(基本工资)+性别+部门

D．性别+部门+STR(基本工资)

知识点：报表设计/报表分组

18．在 VFP 6.0 报表设计中，在报表标签布局中不能插入的报表控件是______

A．域控件　　　　B．线条

C．文本框　　　　D．图片/OLE 绑定控件

知识点：报表设计/报表控件

19．在 VFP 6.0 的报表设计中，为报表添加标题的正确操作是______

A．在页标头带区添加一标签控件

B．在细节带区中添加一标签控件

C．在组标头带区添加一标签控件

D．从菜单选择“标题/总结”命令项添加一标题带区，再在其中加一标签控件

知识点：报表设计/报表设计器基本操作

二、多选题

1．下列的________控件属于报表中的基本控件。

A．命令按钮　　　　B．标签　　　　C．线条

D．文本框　　　　E．域控件

知识点：报表设计/报表控件

2．下列叙述中，正确的是________。

A．可以根据需要为报表添加标题带区和统计带区

B．可以通过执行 Modify Window Screen…命令来改变主屏幕的显示字体

C．当前工作区肯定不是一个未使用过的工作区

D．带参调用过程时，参数被区分为形式参数和实际参数两种

E．查询文件的扩展名为.QRG

知识点：报表/综合理论

3．在创建快速报表时，基本带区包括________。

A．组标头　　B．细节　　C．页标头

D．标题　　E．页注脚

知识点：报表设计/报表带区

4．在创建报表时，分组表达式可以是________。

A．一个字段　　B．多个字段组成的表达式

C．一个字段的一部分　　D．只能是一个字段

知识点：报表设计/报表分组

三、判断题

1．报表的数据源可以是数据表、临时表、查询或视图。

知识点：报表设计/报表数据源

2．在设计报表时，借助于“报表控件工具栏”可在报表的带区中添加控件。

知识点：报表设计/报表控件

3．报表的数据源可以是数据表，也可以是其他报表。

4．可以实现预览报表文件 PP1.frx 的命令是 REPORT FROM PP1 PREVIEW。

知识点：报表设计/报表预览与理论相关

5．多列报表的列数可以通过报表向导“步骤 4”来设置。

知识点：报表设计/报表向导

参考答案

一、单选题

题号	1	2	3	4	5	6	7	8	9	10
答案	C	D	B	D	D	A	C	A	C	B

题号	11	12	13	14	15	16	17	18	19
答案	C	A	C	C	A	A	B	C	D

二、多选题

题　号	1	2	3	4
答　案	BCE	CD	BCE	ABC

三、判断题

题号	答案	说　明
1	正确	如果当前产生了临时表、查询，也可以作为报表数据源
2	正确	可以报表的带区中添加控件，但注意分组计算的域控件不能放在组标头区，只能在注脚区
3	错误	报表的数据源不能是其他报表
4	错误	正确的格式：REPORT FORM PP1 PREVIEW
5	正确	在“列数”中指定

第 11 章　菜单设计习题及参考答案

一、单选题

1. 在程序或事件/方法代码段中，调用菜单 MM 的命令是________。

A. DO　MENU　MM.MPR

B. DO　MM.MPR

C. CALL　MENU　MM.MPR

D. CALL　MM.MPR

知识点：菜单设计/菜单调用

2. 在定义了一个快捷菜单并生成了相应的菜单程序后，要将该菜单作为一个对象的快捷菜单，通常是在对象的________事件代码段中添加调用该菜单程序的命令。

A. RightClick（右击）

B. Click（单击）

C. DblClick（双击）

D. Init（初始化）

知识点：快捷菜单调用

3. 定义一个用户菜单时，菜单项不可以被选定为________。

A. 过程　　B. 程序

C. 命令　　D. 子菜单

知识点：菜单设计器

4. 在 Visual FoxPro 中，只有把菜单文件（.MNX 文件）________相应的菜单程序文件后，才能运行菜单。

A. 连接　　B. 编译

C. 合成　　D. 生成

知识点：菜单的生成

5. 以下描述正确的是__________。

A. 创建一个菜单后，可直接运行其.mnx 文件

B. 创建菜单后可以通过“预览”运行菜单

C. 创建一个菜单后，必须先生成.mpr 文件后，才可以运行

D. 以上答案均错误

知识点：菜单的运行

6. 菜单设计器的“预览”按钮及“运行”菜单都可用来查看所设计菜单的结果，这两者的区别是__________。

A. “预览”按钮所查看的菜单不能执行各菜单相应动作，而“运行”菜单则可以

B. “运行”菜单所查看到的菜单不能执行各菜单相应动作，而“预览”则可以

C. 两者都可以执行各菜单相应动作，只是显示结果不一样

D．以上答案均错误

知识点：菜单的预览和运行

7．下列文件扩展名中，与菜单无关的是__________。

A．.mnx　　B．.mnt　　C．.mem　　D．.mpr

知识点：菜单扩展名

8．要使“文件”菜单使用“F”作为访问键，可用______定义该菜单标题。

A．文件(F)　　B．文件(\<F)

C．文件(\\<F)　　D．文件(<F)

知识点：菜单设计器

9．用户设计菜单时，系统默认菜单系统位置是__________。

A．替换原有菜单系统

B．追加在原菜单系统的后面

C．插入到原菜单系统的前面

D．与原有菜单系统无关

知识点：菜单的运行

10．在菜单设计器中，每个菜单的结果都有___________选项。

A．子菜单，过程，命令和菜单项

B．子菜单，命令，过程和快捷菜单

C．菜单项，命令，过程和快捷菜单

D．子菜单，菜单项，过程和快捷菜单

知识点：菜单设计器

11．在菜单设计器中，在菜单项中加入一条分隔线的方法是将菜单名称设为__________。

A．\<　　B．\>　　C．<-　　D．\-

知识点：菜单设计器

12．在定义菜单时，若要编写相应功能的一段程序，则在结果一项中选择__________。

A．填充名称　　B．子菜单　　C．过程　　D．命令

知识点：菜单设计/一般菜单

13．在制作“菜单”时，若某一菜单项的“结果”中选择要发生的动作类型为“过程”，则表示要__________。

A．要执行一条命令　　B．要执行一段程序代码

C．执行一个子菜单　　D．预设的空菜单项

知识点：菜单设计/一般菜单

14．Visual FoxPro 支持两种类型的菜单，即__________。

A．条形菜单和下拉式菜单

B．下拉式菜单和弹出式菜单

C．条形菜单和弹出式菜单

D．下拉式菜单和系统菜单

知识点：菜单设计/一般菜单

二、多选题

1．创建了一个菜单文件 M12，并生成了相应的菜单程序后，不可能存在的文件是________。

A．M12.MCT

B．M12.MNT

C．M12.MNX

D．M12.MPX

E．M12.MPR

知识点：菜单的生成

2．用户可创建的 Visual FoxPro 菜单种类有________。

A．一般菜单

B．快捷菜单

C．快速菜单

D．系统菜单

E．命令菜单

知识点：菜单的类型

三、判断题

1．为了从用户菜单返回到默认的系统菜单应该使用命令 SET SYSTEMMENU TO DEFAULT。

知识点：返回系统菜单的命令

2．可在用户自定义菜单中插入系统菜单项“新建”。

知识点：用户自定义菜单设计。

3．可利用项目管理器中的“全部”或“文档”选项卡来管理项目中的菜单。

知识点：在项目管理器中管理菜单

4．菜单程序文件的扩展名是.MPX。

知识点：菜单程序文件的扩展名

5．在菜单设计器窗口中，菜单级下拉列表显示当前所处的菜单级别，当菜单的层次较多时，利用这一项可知当前的位置。

知识点：菜单的设计器

6．菜单设计器的“预览”按钮及运行菜单都可用来查看所设计菜单的结果，这两者中不会执行各菜单相应动作的是单击“预览”按钮。

知识点：菜单的预览

7．执行下列的 CREATE　FORM 命令可创建一个菜单。

知识点：创建菜单

8．菜单文件采用.MNT 作为其扩展名。

知识点：菜单的扩展名

9．创建了一个快捷菜单后，若想调用这个菜单，所采用的方法为在对象的 RightClick 事件代码段中加入调用快捷菜单的命令。

知识点：快捷菜单的调用

知识点：菜单的调用

10．菜单文件只有在生成菜单程序文件后，才能被调用。

参考答案

一、单选题

题号	1	2	3	4	5	6	7	8	9	10	11	12	13	14
答案	B	A	B	D	C	A	C	C	A	A	D	C	B	C

二、多选题

题号	1	2
答案	AD	AB

三、判断题

题号	答案	说　　明
1	错误	正确命令应该是 SET　SYSMENU　TO　DEFAULT
2	正确	可在用户自定义菜单中插入系统菜单项
3	错误	可利用项目管理器的“全部”或“其他”选项卡来管理菜单
4	错误	菜单程序文件的扩展名应该是.MPR
5	正确	菜单级下拉列表有此功能
6	正确	单击“预览”按钮不会执行各菜单相应动作
7	错误	创建菜单的命令是 CREATE　MENU
8	错误	菜单文件的扩展名为.MNX
9	正确	一般在对象的 RightClick 事件中调用快捷菜单
10	正确	菜单文件只有在生成为菜单程序.MPR 文件后，才能被调用

第12章 应用程序设计习题及参考答案

一、单选题

1．把一个项目编译成一个应用程序时，下面的叙述正确的是________。

A．所有项目文件将组合为一个单一的应用程序文件

B．所有项目包含文件将组合为一个单一的应用程序文件

C．所有项目排除文件将组合为一个单一的应用程序文件

D．由用户选定的项目文件将组合为一个单一的应用程序文件

知识点：项目连编

2．在 Visual FoxPro 6.0 中，可以添加到项目中的文件有________。

A．其他选项都可以

B．报表文件

C．文本文件（记事本文档）

D．菜单文件

知识点：项目管理器

3．Visual FoxPro 中，扩展名为_______的文件跟项目的定义、设计和使用无直接的关系。

A．.PJX　　B．.APP

C．.DOC　　D．.EXE

知识点：项目的扩展名

4．在项目管理器中，可把项目连编为____________，然后运行。

A．.PJX 文件或.EXE 文件

B．.APP 文件或.FXP 文件

C．.APP 文件或.EXE 文件

D．.PJX 文件或.APP 文件

知识点：项目连编

5．连编应用程序不能生成的文件是________。

A．APP 文件　　B．EXE 文件

C．COM DLL 文件　　D．PRG 文件

知识点：项目连编

6．单击项目上的“连编”按钮，可以生成________文件。

A．.BAT　　B．.DAT

C．.APP　　D．.SCX

知识点：项目连编

7．连编后可以脱离 Visual FoxPro 环境独立运行的程序是________。

A．.APP 程序　　B．.PRG 程序

C．EXE 程序　　D．FXP 程序

知识点：项目连编

8．下面关于运行应用程序的说法正确的是________。

A．.app 应用程序可以在 Visual FoxPro 和 Windows 环境下运行

B．.exe 只能在 Windows 环境下运行

C．.exe 应用程序可以在 Visual FoxPro 和 Windows 环境下运行

D．.app 应用程序只能在 Windows 环境下运行

知识点：应用程序的运行

9．作为整个应用程序入口点，主程序应该至少具有以下________功能。

A．初始化环境

B．初始化环境、显示和初始化用户界面

C．初始化环境、显示和初始化用户界面，控制事件循环

D．初始化环境、显示和初始化用户界面，控制事件循环、退出时恢复环境

知识点：应用系统主程序

10．下列说法中错误的是________。

A．所谓项目是指文件、数据、文档和 Visual FoxPro 对象的集合

B．项目管理是 Visual FoxPro 中处理数据和对象的主要组织工具

C．项目管理器提供了简便的，可视化的方法来组织和处理表、数据库、表单、报表、查询和其他一切文件

D．在项目管理器中可以将应用系统编译成一个扩展名为.exe 的可执行文件，而不能将应用系统编译成一个扩展名为.app 的应用文件

知识点：项目管理器操作

二、判断题

知识点：项目连编

1．对项目实施连编后所生成的.EXE 文件，可以在非 VFP 环境下运行。

知识点：项目管理器

2．可利用项目管理器中的“文档”选项卡来管理项目中的菜单。

参考答案

一、单选题

题号	1	2	3	4	5	6	7	8	9	10
答案	B	A	C	C	D	C	C	C	D	D

二、判断题

题号	答案	说　明
1	正确	连编后的.EXE 文件可非 VFP 环境下运行，而.APP 文件则不可以
2	错误	是利用项目管理器的“全部”或“其他”选项卡